How to use a "Microsoft Excel" without stress
by Shirei Shizuko

四禮静子 著

Excelのムカムカ!が一瞬でなくなる使い方

表計算・資料作成のストレスを最小限に!

技術評論社

本書のサンプルデータは、以下のURLよりダウンロードできます。
http://gihyo.jp/book/2016/978-4-7741-8244-5/support

免責

本書に記載された内容は、情報の提供のみを目的としています。したがって、本書を用いた運用は、必ずお客様自身の責任と判断によって行ってください。これらの情報の運用の結果について、技術評論社および著者はいかなる責任も負いません。

本書記載の情報は、刊行時のものを掲載していますので、ご利用時には変更されている場合もあります。

また、ソフトウェアはバージョンアップされる場合があり、本書での説明とは機能内容や画面図などが異なってしまうこともありえます。

以上の注意事項をご承諾いただいたうえで、本書をご利用願います。これらの注意事項をお読みいただかずに、お問い合わせいただいても、技術評論社および著者は対処しかねます。あらかじめ、ご承知おきください。

商標、登録商標について

本文中に記載されている製品の名称は、一般に関係各社の商標または登録商標です。なお、本文中では™、®などのマークを省略しています。

はじめに

Excelは、とても優秀で従順な部下です。きちんと命令すれば、絶対に文句を言わず、忠実に従ってくれます。ただし、「まちがった命令をしなければ」です。

たとえば、同じデータを、いくつもの表で何度も入力していませんか？
不必要な列や行が混在した表を作成していませんか？
数式が複雑でわかりにくくなっていませんか？
入力しにくい表の仕組みになっていませんか？
自分が知っている機能だけでなんでも処理しようとしていませんか？

そして、日々の売上、使った経費などをただExcelに入力し、集計しただけでは意味がありません。

売上の集計表から、売上が伸びている商品、落ちている商品がすぐにわかりますか？
経費の集計表から、何の経費がどのくらいの割合を占めているか、ひと目でわかりますか？

「何のために売上の集計をとるのか？」「その集計の数字から、何を読み取るのか？」それが大事な部分です。数字の持つ意味を読み取るために、どのような表を作成すればわかりやすいかを考えて、組み立てていく——Excelはそのための道具でしかありません。
私は、完全マンツーマンのパソコンスクールを開校して17年になります。在籍生徒数は2000名を超え、外部研修と合わせると、年間たくさんの方に授業を行っております。最近は特に、仕事で困っている部分のみの相談を持ち込まれる方が多くなりました。みなさん、一般的な操作はおで

きになるのですが、

「普通に業務はこなしているけれど、ここがうまくいかない」
「こんなことに時間がかかる」
「これができない、さらにスキルアップしたい」

などと駆け込んでいらっしゃいます。完全マンツーマン授業ですから、1対1で授業を行います。いただく授業料に値するような授業をしなければ、次回の予約は容赦なく入りません。

そして、私どものスクールは、授業料の割引は絶対行わない主義なのです。限られた時間の中でスキルの到達点まで導いていくためには、明るく楽しいだけではすまないケースもあります。でも、「あなたのためだから」と何度も何度も繰り返し説明して、理解していただきます。

本書は、基本的な操作方法の手順解説書ではありません。たくさんの方とのマンツーマン授業で培ってきたノウハウや、企業研修で「こんなことできないの？」「どうしてこうなるの？」「もっといい方法はないの？」といただいた質問と答えをまとめたものです。Excelをお使いの方がイラつかないように、そして、これから社会人になる方が胸を張って「Excel、使えます！」と言えるようなスキルを身につけていただけることを願って、本書を書きました。

人の好みというのは、すべて主観です。音楽も映画もファッションも、自分が好きでもほかの人が好きとは限りません。だから、作り手は勉強したからといって成功するとは限りません。でも、でも、Excelのスキルは「知っているか、知らないか！」だけ。努力したことがすべて報われて結果がついてくるのです。若いころ、その主観に左右される道を選んだばかりに、努力をしても努力をしても報われず、自分の才能のなさに気づくまで時間がかかりました。パソコンに出会って、勉強したことがどんどん役に立つことに快感を覚えたくらいです。

1つでも多くの機能を知ることが、スキルアップにつながります。それが「あなたのためだから」。

Excelのムカムカ！が一瞬でなくなる使い方

CONTENTS

第2章 見やすい表をササッと作る

Section

第3章 文字のイライラをなくす

Section

第4章 印刷のストレスをなくす

第5章 オリジナルの表示形式で使いやすさに差をつける

Section

第6章 データの並べ替えと集計を自由自在に

Section

第7章 面倒な作業を一瞬で終わらす関数の使い方

Section

第１章

まいにちの操作を効率的に

「マウスでいちいちクリックするのがめんどうで……」
「ほかの人が作成したシートの数式を壊すのが怖い！」

　ある程度 Excel を使えていると自負している方でも、まだまだ作業時間を短縮する方法は意外とあります。「こうしたい！」と思うことの 99%はできると思って、工夫する方法を覚えましょう。

Section 01

毎日使う「合計」、なるべく早く出すには？

どんな業種の方でも、数字の合計は求めますよね。よくあるやり方が［オートSUM］ボタンで合計を求める方法ですが、「合計のたびにマウスでボタンをクリックするがめんどう！」と思う方は多いはず。合計のショートカットキーを利用しましょう。

❶答えを表示したいセルを選択します。

❷ Alt + Shift + = を押すと、合計を求めるSUM関数が入力されます。

	A	B	C	D	E	F
1	部署	前期	後期	年間		
2	企画	254	225	=SUM(B2:C2)		
3	開発	154	206	SUM(**数値1**, [数値2], ...)		
4	営業	235	253			
5	宣伝	320	245			
6	総務	152	147			
7	経理	138	115			
8	合計					
9						

SUM関数は、連続する上または左のデータを自動的に範囲指定します。データが未入力のセルがあるときは、計算範囲（引数）を入れなおしましょう。

	A	B	C	D
1	部署	前期	後期	年間
2	企画	254	225	479
3	開発	154	206	360
4	営業		253	253
5	宣伝	320	245	565
6	総務	152	147	299
7	経理	138	115	253
8	合計	=SUM(B5:B7)		
9		SUM(数値1, [数値2], ...)		
10				

Section 02

フィルハンドルをドラッグして数式のコピーをするときに、途中でやり直しになるときがある……

これ、みんな思うことですね。数百行もある表などの場合、ドラッグでは大変です。フィルハンドルをドラッグする代わりに、ダブルクリックすれば、かんたんにコピーできますよ。かなり便利で、ストレスが減ります。

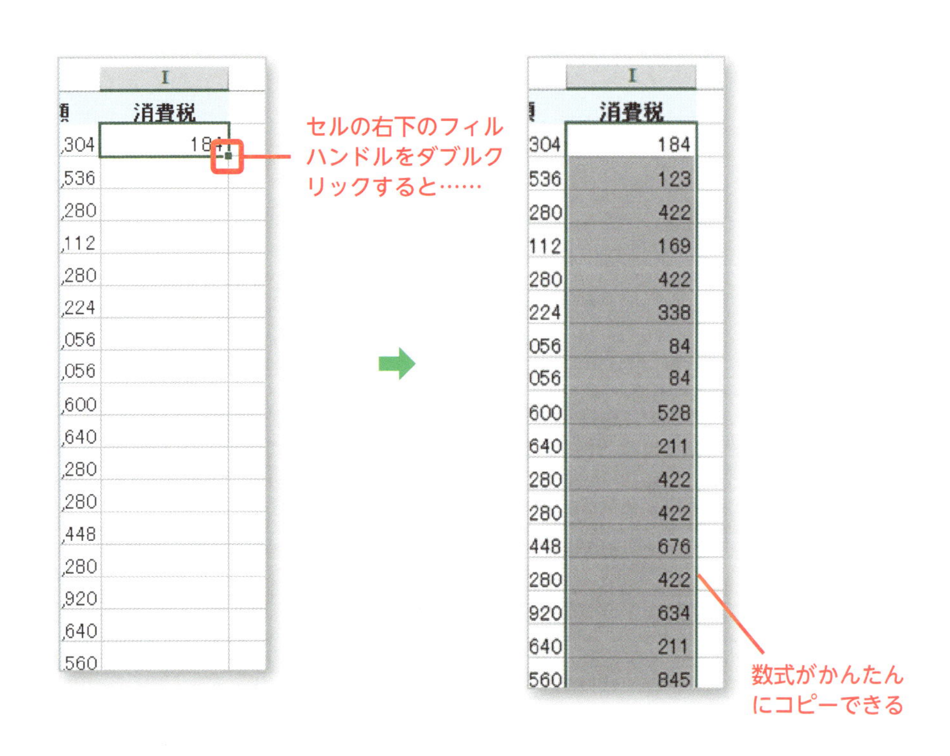

Section 03

数式をコピーしたら罫線が変わってしまう！

　数式をコピーするたびに、いちいち罫線を引きなおしたり、セルの塗りつぶしを解除したりでは「あ〜あ」となりますよね。自分で表を作るときは、最後に書式を設定すると効率がいいです。

　数式をコピーすると、書式も引き継がれていきます。先頭セルの書式が設定されてしまうので、そうしたくなければ「書式なしコピー」を使用しましょう。

❶ 選択範囲の右下に表示されるオプションボタンをクリックします。

A	B	C	D
部署	前期	後期	年間
企画	254	225	479
開発	154	206	360
営業	235	253	488
宣伝	320	245	565
総務	152	147	299
経理	138	115	253
合計	1,253	1,191	2444

❷ 一覧から［書式なしコピー］をクリックします。

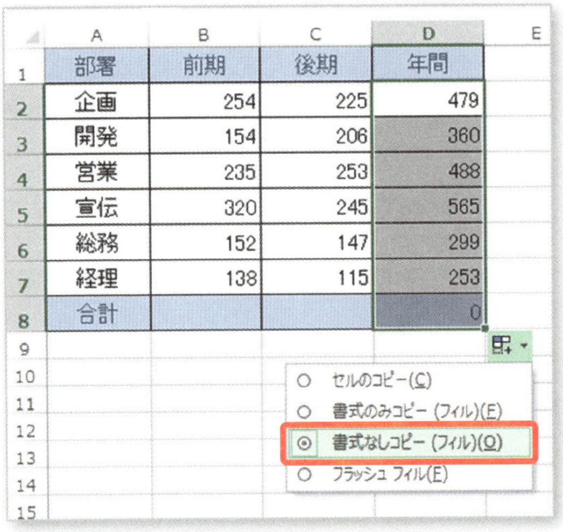

	A	B	C	D
1	部署	前期	後期	年間
2	企画	254	225	479
3	開発	154	206	360
4	営業	235	253	488
5	宣伝	320	245	565
6	総務	152	147	299
7	経理	138	115	253
8	合計			0

セルのコピー(C)
書式のみコピー (フィル)(F)
書式なしコピー (フィル)(O)
フラッシュ フィル(F)

Point コピー＆貼り付けの謎

企業研修時に、次のような質問をいただきました。

「普通は、セルのデータをコピーして貼り付けると、罫線や書式も変わってしまうのに、ある列だけ書式が変わらずに貼り付けができる。便利に使っているけど、どういう設定になっているのですか？」

不思議に思ってファイルをお借りして調べてみました。条件付き書式やマクロなど、何か特別な設定がされているのかと思いましたが、何も設定されていないセルです。

その答えは、セルの結合にありました。

「コピー元のセルの列数より大きい列数のセルに貼り付けると、書式は引きずられない」

そういうことなのです。

たとえば、A2のセルに、桁区切り・フォントの色は赤・太枠罫線を設定して、コピー&貼り付けを行うと？

- D2 ⇨ 1列のセルに貼り付けると、書式も一緒に変更される。
- E2 + F2 ⇨ 結合された2列のセルに貼り付けると、値のみで、書式は変更されない。
- G2 + H2 + I2 ⇨ 結合された3列のセルに貼り付けると、値のみで、書式は変更されない。

	A	B	C	D	E	F	G	H	I
1	単価			単価	単価		単価		
2	10,000			10,000	10000		10000		
3					10,000		10000		
4	10,000								
5									
6									
7									

では、A4 + B4の2列が結合されたセルに、桁区切り・フォントの色は赤・太枠罫線を設定して、コピー&貼り付けを行うと？

- D3 ⇨ コピー元より列数が少ないため、貼り付けできないエラーが表示される。
- E3 + F3 ⇨ 結合された列数が同じなので、書式も一緒に変更される。
- G3 + H + I3 ⇨ 結合された3列のセルに貼り付けると値のみで、書式は変更されない。

Section 04

数式をコピーしなくても縦計・横計をまとめて求めたい！

表の最終行・最終列にそれぞれ合計を求めたい……そんなとき、1つずつ数式をコピーする手間は省きたいものですね。

そんなときは、あらかじめ合計したい範囲を選択してから、SUM関数を組みましょう。

⊕合計したい範囲を選択してから……

	A	B	C	D
1	部署	前期	後期	年間
2	企画	254	225	
3	開発	154	206	
4	営業	235	253	
5	宣伝	320	245	
6	総務	152	147	
7	経理	138	115	
8	合計			
9				

⊕SUM関数を組む（Alt + Shift + =）

	A	B	C	D
1	部署	前期	後期	年間
2	企画	254	225	479
3	開発	154	206	360
4	営業	235	253	488
5	宣伝	320	245	565
6	総務	152	147	299
7	経理	138	115	253
8	合計	1,253	1,191	2,444
9				

これで、一度の操作で総合計まで求めることができます。

Section 05

使う機能は決まっているのに、たくさんある中からいちいちタブをクリックして探すのがめんどう！

「あれ、あのボタン、どこにあったっけ？」

なんてタブをクリックして探していたのでは、作業が止まってしまいますね。よく使用するボタンは、クイックアクセスツールバーに登録しておきましょう。

クイックアクセスツールバーの右側▼「クイックアクセスツールバーのユーザー設定」をクリックして、追加したい機能にチェックを入れてください。

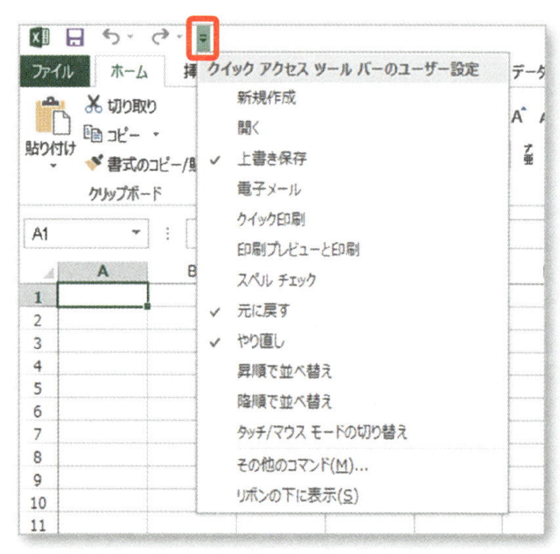

Section 06

クイックアクセスツールバーに好きなボタンを自由に登録できないの？

たしかに、一覧に表示される機能しか登録できないのでは、あまり便利に感じないかもしれませんね。大丈夫、一覧に表示されない機能は、［その他のコマンド］から追加することができます。

❶ クイックアクセルツールバーの▼［クイックアクセスツールバーのユーザー設定］ボタンをクリックして、一覧から［その他のコマンド］をクリックします。

❷ ［Excel のオプション］画面の［クイックアクセスツールバーのカスタマイズ］が開きます。

❸ コマンドの一覧から、追加したいコマンドをクリックして選択します。

❹ 中央の［追加］ボタンをクリックします。

❺ 右側に追加したボタンが表示されたら、［OK］をクリックします。

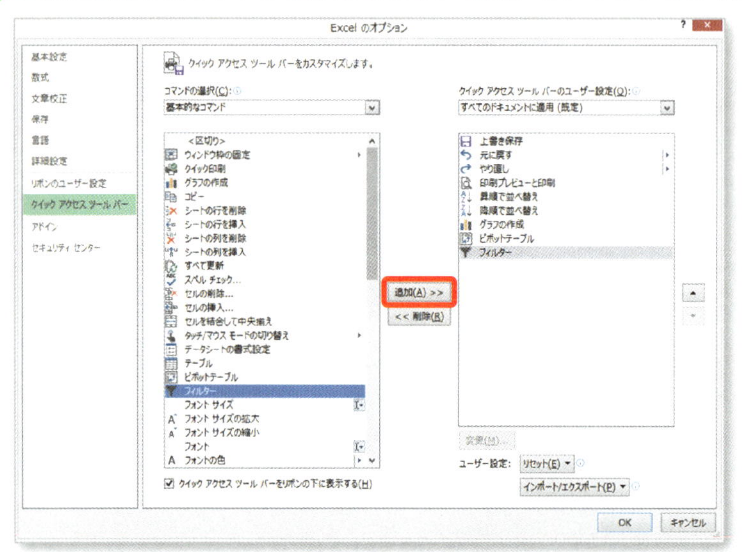

❻ クイックアクセスツールバーにボタンが表示されます。

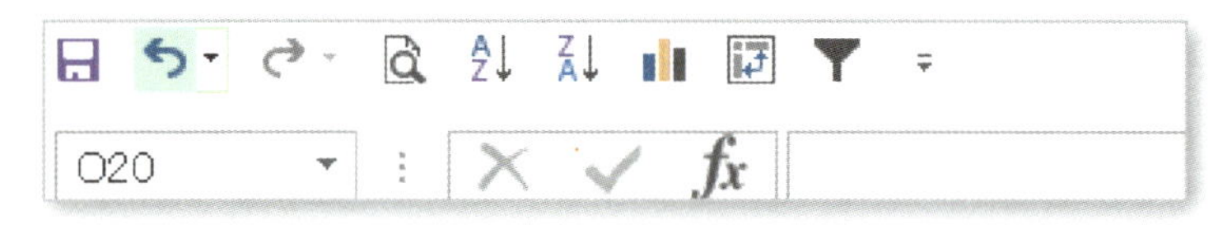

［コマンドの選択］の種類を［すべてのコマンド］に変更すると、リボンに表示されていないコマンドボタンを追加することができます。

Section 07

作業領域から遠いので、もっと近くにおきたい！

　ボタンをたくさん登録するとタイトルバーは見にくいし、いちいちウィンドウ上部まで移動するのに手間を感じませんか？

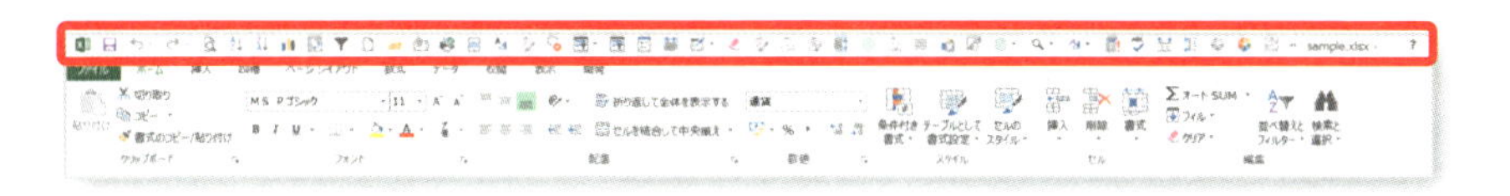

　そんな場合は、［クイックアクセスツールバーのユーザー設定］ボタンから［リボンの下に表示］をクリックして、表示の場所を変更しておきましょう。作業領域から近くなって操作もスムーズになり、タイトルバーもすっきりしますね。

Section 08

クイックアクセスツールバーだと
ボタン名が表示されないので、
どれがどれだかわからなくなっちゃう……

クイック、つまり素早く使うためのバーなので、表示したボタンがわからなくなっては意味がないですね。そんなときは、自分専用のタブを追加して、ボタンをまとめてしまいましょう。

1. クイックアクセルツールバーの▼［クイックアクセスツールバーのユーザー設定］をクリックして、一覧から［その他のコマンド］をクリックします。

2. ［Excel のオプション］画面の［クイックアクセスツールバーのカスタマイズ］が開きます。

3. 左側のメニューから［リボンのユーザー設定］をクリックします。

❹ 右下にある［新しいタブ］をクリックします。

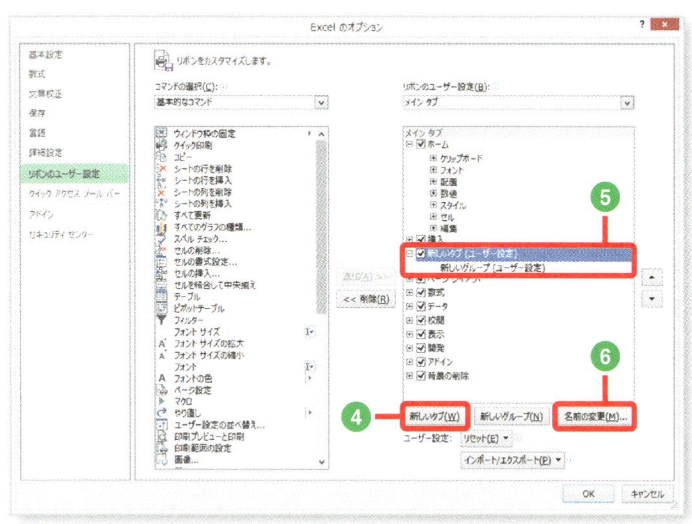

❺［新しいタブ（ユーザー設定）］が追加されます。

❻［新しいタブ（ユーザー設定）］を選択し、［名前の変更］をクリックします。

❼［名前の変更］が表示されたら、自分の氏名（ここでは「四禮」）を入力し、［OK］をクリックします。

❽ 新しいタブの名前が変更されます。

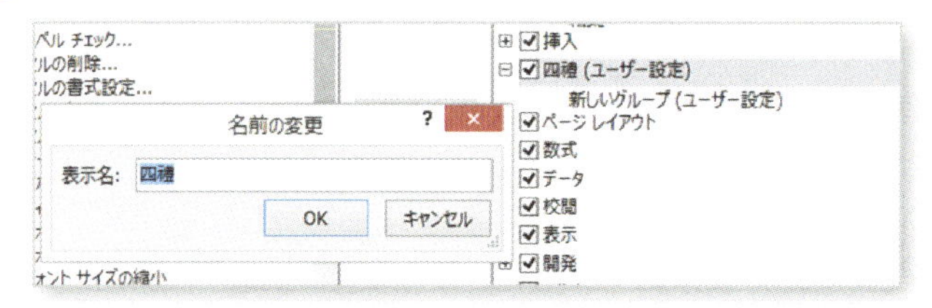

❾［新しいグループ（ユーザー設定)］をクリックし、同じように名前を付けます。

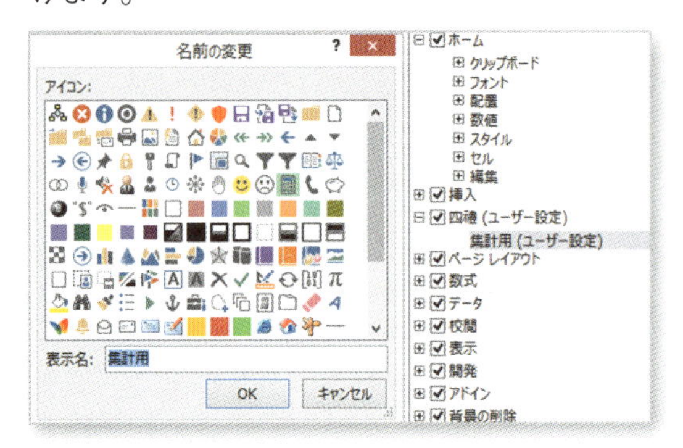

❿［コマンドの選択］から［すべてのコマンド］を選択します。

⓫ 登録したいコマンドを選択し、［追加］ボタンをクリックすると、右側に表示されます。

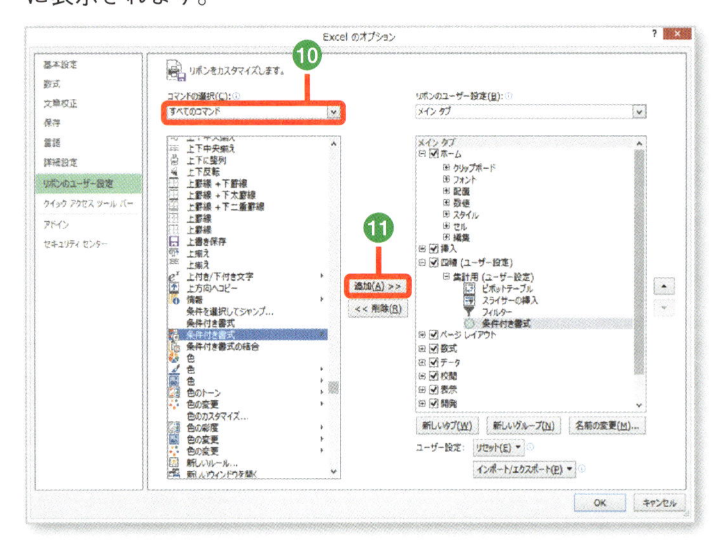

⑫ リボンに氏名のタブが追加され、グループごとにコマンドボタンが表示されます。

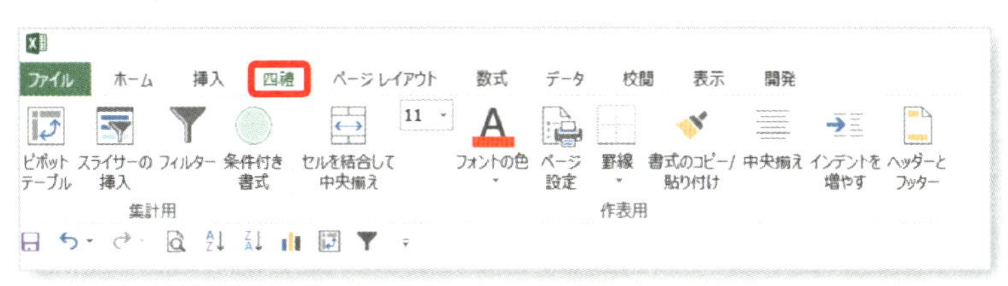

よく使うコマンドボタンを集めて登録しておくことで、あっちのタブ、こっちのタブとクリックする手間がなくなりますね。

違うワークシートやブックへの切り替えを一瞬で終わらせたい！

シート見出しをクリックしてワークシートを切り替える代わりに、ショートカットキーで操作を行うと、作業がスムーズに進みますよ。

- 選択しているシートより右のシートへ移動 ⇨ Ctrl ＋ Page Down
- 選択しているシートより左のシートへ移動 ⇨ Ctrl ＋ Page Up

異なるブックを参照するには、ウィンドウの切り替えが必要になります。Alt を押したまま Tab を押して、アクティブウィンドウを切り替えてください。

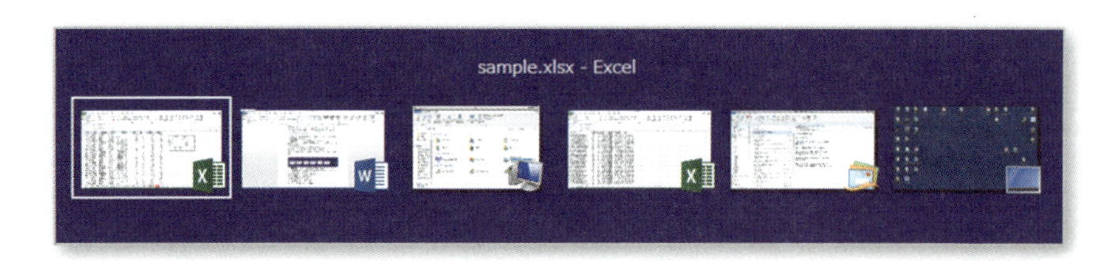

Section 10

よく使う画面を一瞬で表示したい！

日常作業で使用頻度が高い画面（ダイアログ）はいくつかありますが、そのたびに右クリックやホームタブからたどっていくのはイライラの1つ。一瞬で画面を開くショートカットキーを覚えてしまいましょう。

- セルの書式設定 ⇨ Ctrl + 1
- 関数の挿入 ⇨ Shift + F3
- 名前の管理 ⇨ Ctrl + F3
- 数式作成中に定義された名前の一覧表示 ⇨ F3

特に、［セルの書式設定］は非常によく使いますね。

Section 11

いっぱい ショートカットキーがあって、覚えきれない……

たしかに、よく使うショートカットキーは覚えても、何から何まで……というわけにはいかないですね。ショートカットキーはいつも使っていないと忘れてしまいます。ただ、必ずしも覚えなくても大丈夫。表示させればいいですよ。

❶ Alt を押すと、タブのショートカットキーが表示されます。

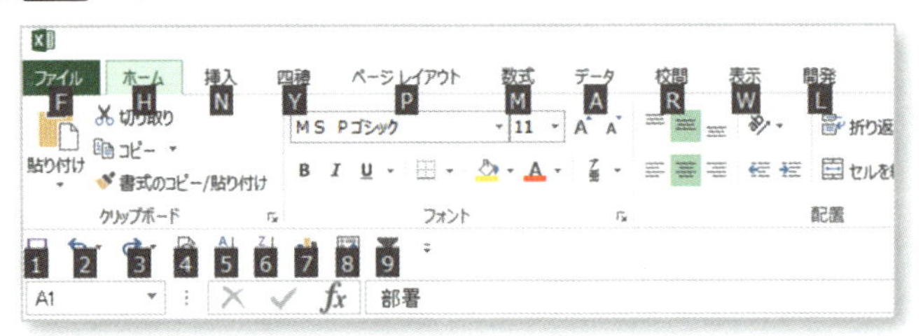

❷ 使用するアルファベットを押すと、タブが開いて、コマンドボタンのショートカットキーが表示されます。

たとえば以下のようにアルファベットをたどっていくことで、マウスを使わなくても操作できます。

Alt（タブのキー表示）
⇨ H（［ホーム］タブのキー表示）
⇨ B（罫線のキー表示）
⇨ A（格子の罫線設定）

自分がよく行う操作のショートカットキーは、自然と覚えることができるでしょう。

数式バーで数式を確認しているときに、1つのセルしか表示できない。シート内の数式を一覧することはできないの？

そうそう、あっちのセル、こっちのセルとクリックして数式を表示していると「あれれ？」となることがありますよね。

ワークシート内の数式を一覧で表示すれば、表の仕組みも数式のミスも素早く理解できます。

❶ ［数式］タブ ⇨ ［ワークシート分析］グループの［数式の表示］をクリックします。

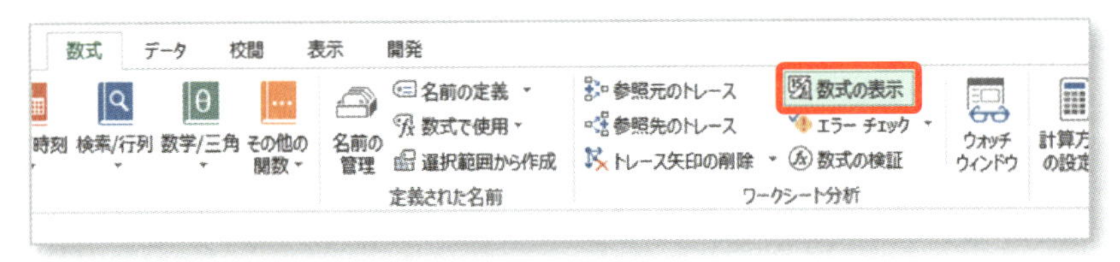

❷ ワークシートの全数式がセル内に表示されます。

LARGE関数

教科別ベスト5	責任感	判断力	知識力	協調性
1	=LARGE(D3:D47,$K4)	=LARGE(E3:E47,$K4)	=LARGE(F3:F47,$K4)	=LARGE(G3:G47,$K4)
2	=LARGE(D4:D48,$K5)	=LARGE(E4:E48,$K5)	=LARGE(F4:F48,$K5)	=LARGE(G4:G48,$K5)
3	=LARGE(D5:D49,$K6)	=LARGE(E5:E49,$K6)	=LARGE(F5:F49,$K6)	=LARGE(G5:G49,$K6)
4	=LARGE(D6:D50,$K7)	=LARGE(E6:E50,$K7)	=LARGE(F6:F50,$K7)	=LARGE(G6:G50,$K7)
5	=LARGE(D7:D51,$K8)	=LARGE(E7:E51,$K8)	=LARGE(F7:F51,$K8)	=LARGE(G7:G51,$K8)

SMALL関数

教科別ワースト5	責任感	判断力	知識力	協調性
1	=SMALL(D3:D47,$K11)	=SMALL(E3:E47,$K11)	=SMALL(F3:F47,$K11)	=SMALL(G3:G47,$K11)
2	=SMALL(D4:D48,$K12)	=SMALL(E4:E48,$K12)	=SMALL(F4:F48,$K12)	=SMALL(G4:G48,$K12)
3	=SMALL(D5:D49,$K13)	=SMALL(E5:E49,$K13)	=SMALL(F5:F49,$K13)	=SMALL(G5:G49,$K13)
4	=SMALL(D6:D50,$K14)	=SMALL(E6:E50,$K14)	=SMALL(F6:F50,$K14)	=SMALL(G6:G50,$K14)
5	=SMALL(D7:D51,$K15)	=SMALL(E7:E51,$K15)	=SMALL(F7:F51,$K15)	=SMALL(G7:G51,$K15)

❸ 数式を確認したいセルをクリックし、数式バー内をクリックすると、参照セルが色分けされて確認しやすくなります。

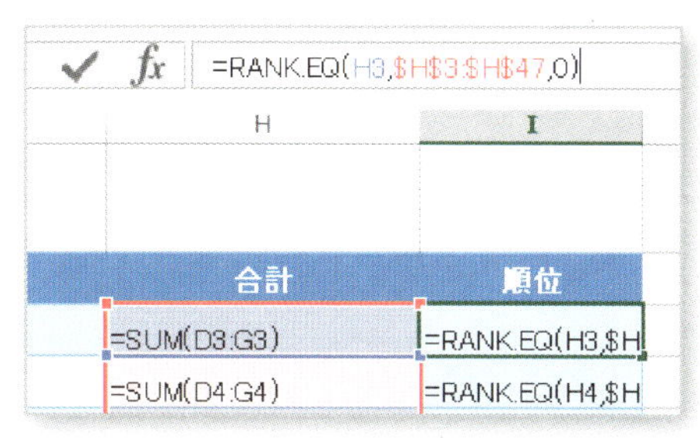

ちなみに印刷を行うと、このまま数式が表示されて印刷できます。

絶対参照を忘れて エラーになることが多い。何かいい方法はない？

エラーになってから絶対参照を忘れているのに気がつくことはよくあります。すぐに気がつけばいいけど、どうしてエラーになったのか考える時間ももったいない！

それに、引数に大量のデータを指定する場合など、ドラッグして範囲指定するのにイラつきませんか？

「行列をすべて固定したい」「決められた範囲を繰り返し参照したい」といった場合、あらかじめセルに名前を定義しておくだけで、そんなイラツキがなくなります。

セルやセル範囲に名前を定義すると、数式をコピーしても範囲がずれなくなります。

⊕絶対参照を忘れてエラーに……

=D2/D8

	D	E
期	年間	構成比
225	479	19.6%
206	360	#DIV/0!
253	488	#DIV/0!
245	565	#DIV/0!
147	299	#DIV/0!
115	253	#DIV/0!
1,191	2,444	

⊕「総合計」という名前を定義して、範囲がずれないように

=D2/総合計

	D	E
	年間	構成比
225	479	19.6%
206	360	14.7%
253	488	20.0%
245	565	23.1%
147	299	12.2%
115	253	10.4%
191	2,444	

セルに名前を定義するには、次のようにしてください。

1. 名前を付けたいセル（セル範囲）を選択します。

2. ［名前ボックス］に名前を入力し、Enter で確定します。

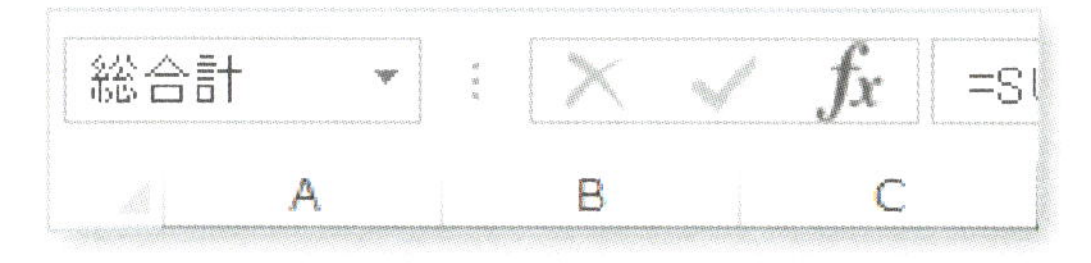

名前の定義は便利だけど、大きな表など、定義したい箇所がたくさんあると、めんどうだなぁ……

1つのセルや任意のセルに名前を定義したい場合は、めんどうでも1か所ずつ定義しなければなりません。でも、リストの表の場合、各列に名前を定義したければ、フィールド名を利用して一括設定できますよ。

1. Ctrl + A を押して、表全体を選択します。

2. [数式] タブ ⇨ [定義された名前] グループの [選択範囲から作成] をクリックします。

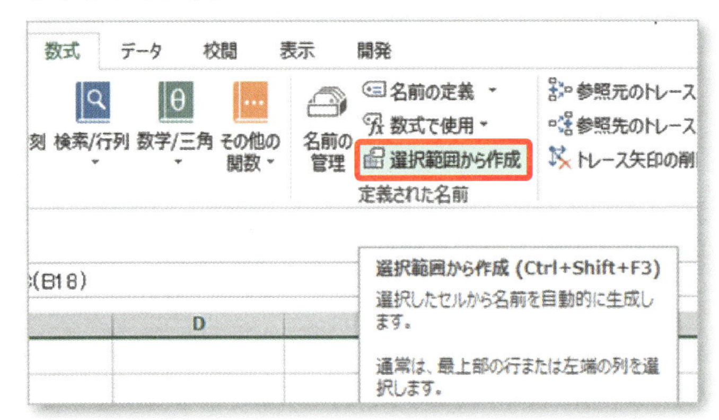

❸ ［選択範囲から名前を作成］画面が開くので、［上端行］のみチェックし、［OK］をクリックします。

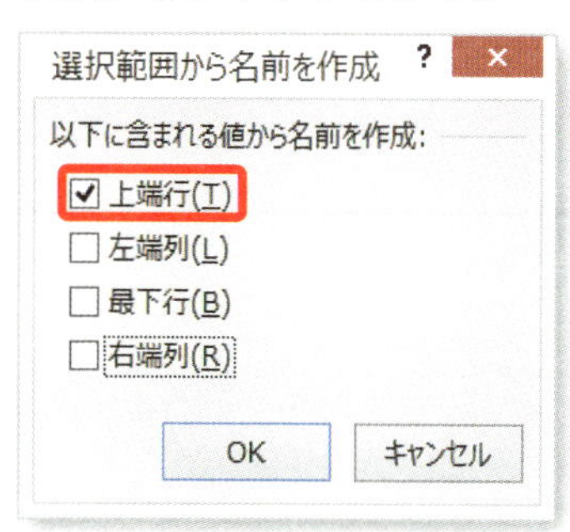

❹ 各フィールドに、フィールド名を使った名前が定義されます。

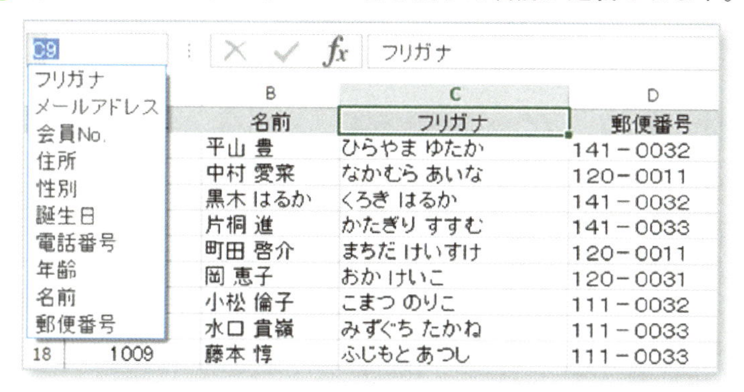

Section 15

複雑な数式になると、セル番地だらけで、何が何だかわからなくなる！

複数の関数を重ねて使ったときや、絶対参照が含まれてくると、数式を見ただけで、「うっ、見なかったことにしたい！」と思うときがあります。数式バーをクリックすると、セル番地が色分けされて数式がわかりやすくなりますが、もっと簡略化する方法があります。それは、定義された名前を使って数式を組み立てることです。

次の数式を見比べてみてください。

会員名簿の中で、検索会員を探し、項目名がB1と同じ列のデータを表示する

```
=IFERROR(VLOOKUP($A$2,$A$10:$H$33,MATCH(B1,$A$9:$H$9,0),0),"")
```

```
=IFERROR(VLOOKUP(検索会員,会員名簿,MATCH(B1,項目名,0),0),"")
```

定義された名前を使えば、数式の意味がすぐにわかりますね。

定義された名前を使って式を組んだのに、エラーになる。どうして？

う〜ん。残念。定義された名前の入力ミスですね。定義された名前を使う場合、直接入力してもOKですが、定義された名前の一覧を呼び出して、選択入力するとエラーがなくなります。

1 引数を入力するときに、F3 を押します。

2 ［名前の貼り付け］画面から使いたい名前を選択し、OK ボタンをクリックします。

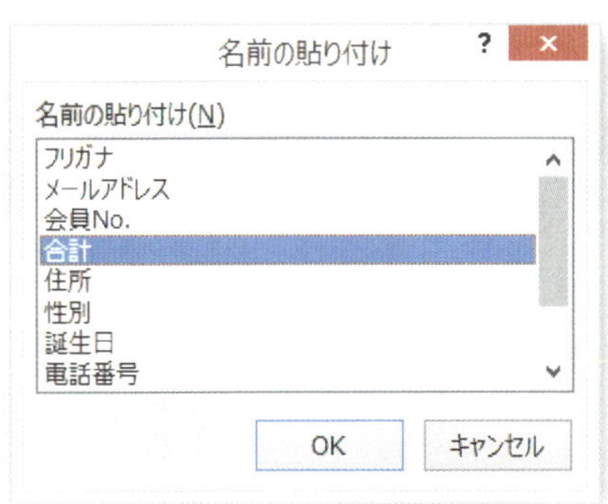

❸ 引数に名前が入力されます。

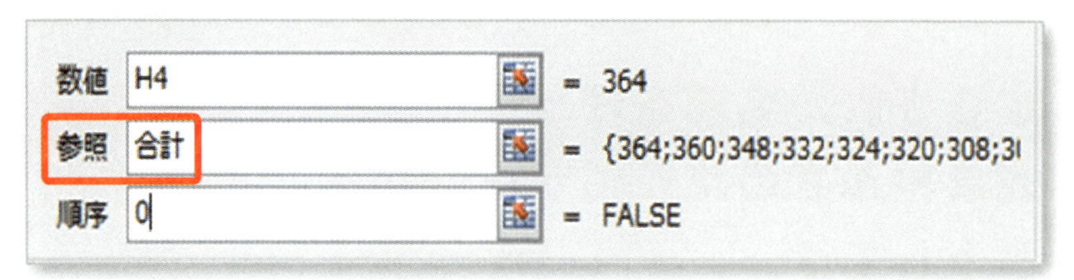

Section 17

どこに何の名前を定義したかわからなくなって、何度も定義しちゃう！

たしかに、シート数が多くなると、似たような名前で定義したり、各シートの表に名前を定義したりして、ゴチャゴチャになることがあります。定義した名前はきちんと管理しましょう。

1. ［数式］タブ ⇨ ［定義された名前］グループの［名前の管理］をクリックします。

❷ブック内で［定義された名前］の一覧が表示されます。

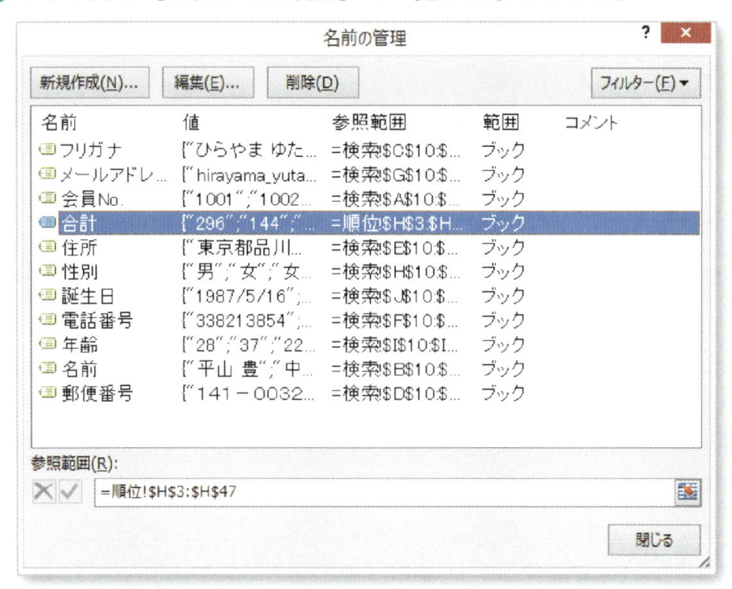

不必要な名前を削除したり、範囲を変更するなどの編集ができます。

数式に使っている名前を削除すると、数式がエラーになるので、注意しましょう。

第2章

見やすい表を
ササッと作る

1行（列）おきに色がついて、データが見やすい。
データがきちんとセルに収まっている。
列幅（行高）がそろっている。
罫線に乱れがない。
データと数式のセルが見分けやすい。

そんなポイントを押さえて、ムダな手間をかけずに見やすい表を作成するコツを押さえましょう。

Section 01

表のデザインが「なんかダサい」といわれる……

何度も罫線を引きなおしたり、セルの塗りつぶしの色や文字の色を選びなおしたりと、自分のセンスのなさにがっくり……。そんなことなら、ムダな作業はやめて、テーブルのスタイルを活用して、ササササッと表のデザインを設定してしまいましょう。

1 表内の任意のセルをクリックして、アクティブセルを表内におきます。

2 ［ホーム］タブ ⇨［スタイル］グループの［テーブルとして書式設定］をクリックします。

3 任意のスタイルを選択します。

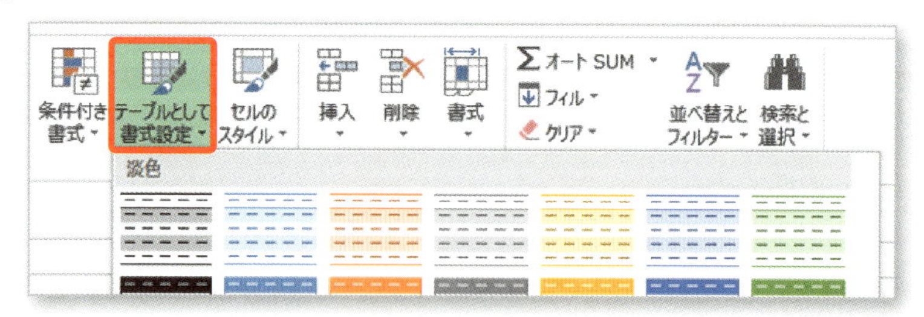

❹ スタイルを適用する範囲が表示されるので、[先頭行をテーブルの見出しとして使用する] にチェックがついていることを確認して、[OK] をクリックします。

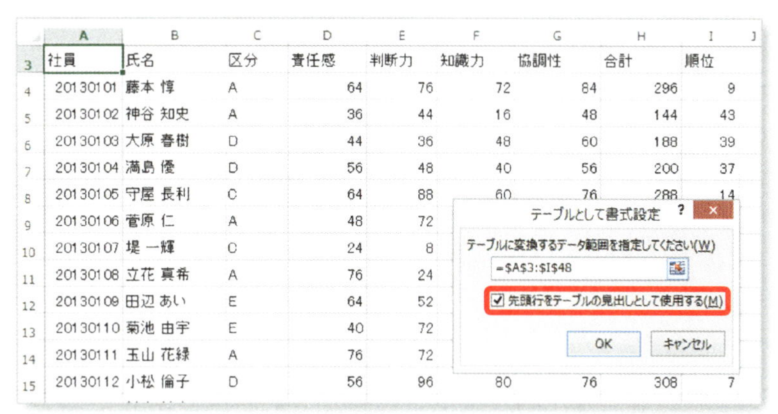

	A	B	C	D	E	F	G	H	I
3	社員	氏名	区分	責任感	判断力	知識力	協調性	合計	順位
4	20130101	藤本 惇	A	64	76	72	84	296	9
5	20130102	神谷 知史	A	36	44	16	48	144	43
6	20130103	大原 春樹	D	44	36	48	60	188	39
7	20130104	満島 優	D	56	48	40	56	200	37
8	20130105	守屋 長利	C	64	88	60	76	288	14
9	20130106	菅原 仁	A	48	72				
10	20130107	堤 一輝	C	24	8				
11	20130108	立花 真希	A	76	24				
12	20130109	田辺 あい	E	64	52				
13	20130110	菊池 由宇	E	40	72				
14	20130111	玉山 花緑	A	76	72				
15	20130112	小松 倫子	D	56	96	80	76	308	7

❺ 表がテーブルに変換されます。

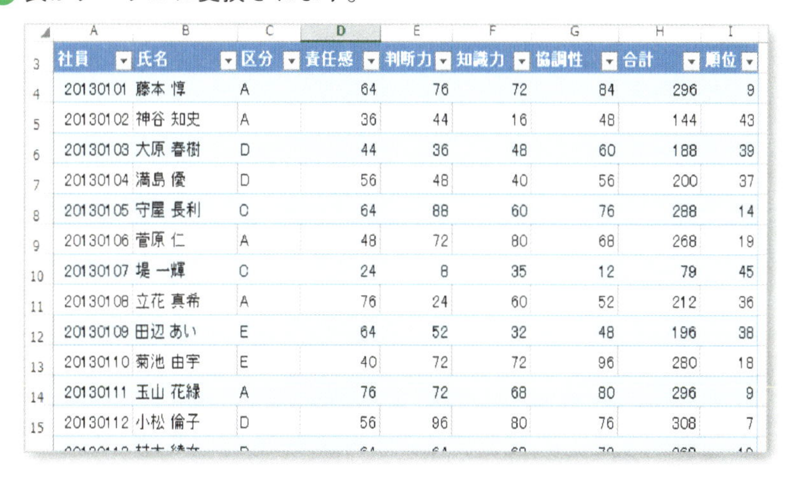

	A	B	C	D	E	F	G	H	I
3	社員	氏名	区分	責任感	判断力	知識力	協調性	合計	順位
4	20130101	藤本 惇	A	64	76	72	84	296	9
5	20130102	神谷 知史	A	36	44	16	48	144	43
6	20130103	大原 春樹	D	44	36	48	60	188	39
7	20130104	満島 優	D	56	48	40	56	200	37
8	20130105	守屋 長利	C	64	88	60	76	288	14
9	20130106	菅原 仁	A	48	72	80	68	268	19
10	20130107	堤 一輝	C	24	8	35	12	79	45
11	20130108	立花 真希	A	76	24	60	52	212	36
12	20130109	田辺 あい	E	64	52	32	48	196	38
13	20130110	菊池 由宇	E	40	72	72	96	280	18
14	20130111	玉山 花緑	A	76	72	68	80	296	9
15	20130112	小松 倫子	D	56	96	80	76	308	7

テーブル機能を使わない場合は、範囲に戻しておきましょう。

❶ テーブルツール、もしくは［デザイン］タブ ⇨［ツール］グループの［範囲に変換］をクリックします。

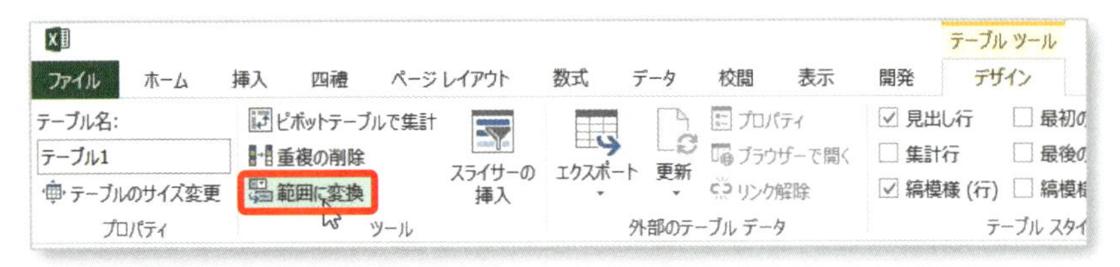

❷ 表示された確認画面の［はい］ボタンをクリックします。

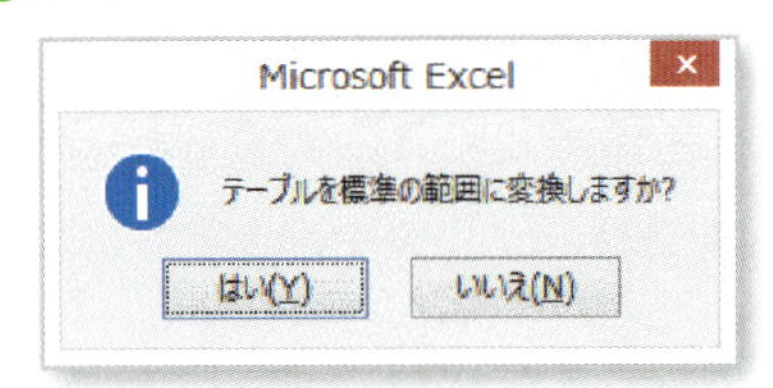

❸ テーブルツールタブが非表示になり、オートフィルタが解除されます。

社員	氏名	区分	責任感	判断力	知識力	協調性	合計	順位
20130101	藤本 惇	A	64	76	72	84	296	9
20130102	神谷 知史	A	36	44	16	48	144	43
20130103	大原 春樹	D	44	36	48	60	188	39
20130104	満島 優	D	56	48	40	56	200	37
20130105	守屋 長利	C	64	88	60	76	288	14
20130106	菅原 仁	A	48	72	80	68	268	19
20130107	堤 一輝	C	24	8	35	12	79	45
20130108	立花 真希	A	76	24	60	52	212	36
20130109	田辺 あい	E	64	52	32	48	196	38
20130110	菊池 由宇	E	40	72	72	96	280	18
20130111	玉山 花緑	A	76	72	68	80	296	9
20130112	小松 倫子	D	56	96	80	76	308	7

Section 02

表がわかりづらくて イラッ！

かんたんな表ほど、罫線やセルの塗りつぶしの色で悩むことがありますね。ちょっとした表なら、セルのスタイルを使えばかんたんに見やすい表を作れて、時間短縮になりますよ。

❶［ホーム］タブ ⇨［スタイル］グループの［セルのスタイル］をクリックします。

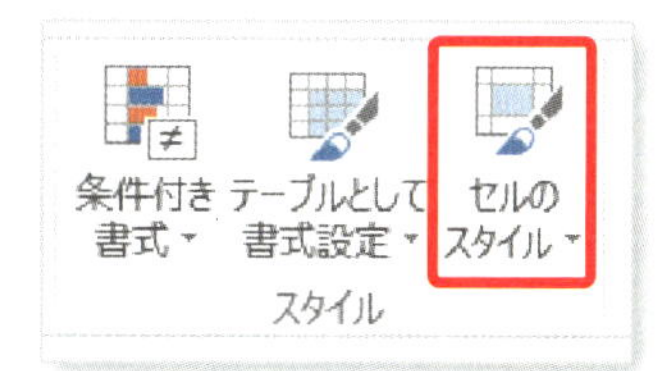

❷セルのスタイルを設定します。

⊕元のデータ

創立記念パーティ			
1卓人数	10	円卓数	あまり人数
来賓	21	2	1
お客様	130	13	0

⊕タイトルに見出し 1、表に見出し 2、数式のセルには計算スタイルを設定した場合

創立記念パーティ			
1卓人数	**10**	**円卓数**	**あまり人数**
来賓	**21**	2	1
お客様	**130**	13	0

データのセルと数式のセルの見分けがつきやすいように設定し、どのセルに計算式があるのかひと目でわかるようにしておくといいですね。まちがえて数式を削除してしまうミスが減ります。

Section 03

行や列のサイズを同じにしたいのに、なかなかうまくいかない！

列幅や行高がそろっていない表は、見づらいものです。でも、1行1列ずつサイズを指定していては大変！

列幅や行の高さをそろえるには、そろえたい列（行）を選択してから1か所サイズ変更すれば、すべてのサイズが同じになりますよ。

⇩そろえたい範囲を選択して、1列のサイズを変えると……

	A	B	C	D	E	F	G	H	I
1	社内研修結果								
2	社員	氏名	区分	責任感	判断力	知識力	協調性	合計	順位
3	20130102	神谷 知史	A	36	44	16	48	144	7
4	20130106	菅原 仁	A	48	72	80	68	268	2
5	20130108	立花 真希	A	76	24	60	52	212	6
6	20130118	平野 ジョージ	A	96	68	48	72	284	1
7	20130124	西尾 里穂	A	56	68	36	72	232	4
8	20130129	牧野 さゆり	A	60	48	52	64	224	5
9	20130139	青野 彩華	A	52	60	60	80	252	3
10	平均			60.6	54.9	50.3	65.1	230.9	
11									
12	社員	氏名	区分	責任感	判断力	知識力	協調性	合計	順位
13	20130122	田淵 美佳	B	64	84	76	72	296	2
14	20130125	千田 はるか	B	68	56	88	84	296	2
15	20130127	岸 健	B	36	44	48	52	180	9
16	20130130	前田 桃子	B	60	72	48	64	244	6
17	20130132	田中 完爾	B	64	44	28	52	188	8
18	20130138	岡 恵子	B	72	76	88	84	320	1
19	20130141	玉城 ヒロ	B	60	52	64	40	216	7
20	20130144	上野 薫	B	64	68	88	68	288	4
21	20130145	柄本 はるみ	B	80	52	76	56	264	5
22	平均			63.1	60.9	67.1	63.6	254.7	

すべてのサイズが同じになる

	A	B	C	D	E	F	G	H	I
1	社内研修結果								
2	社員	氏名	区分	責任感	判断力	知識力	協調性	合計	順位
3	20130102	神谷 知史	A	36	44	16	48	144	7
4	20130106	菅原 仁	A	48	72	80	68	268	2
5	20130108	立花 真希	A	76	24	60	52	212	6
6	20130118	平野 ジョージ	A	96	68	48	72	284	1
7	20130124	西尾 里穂	A	56	68	36	72	232	4
8	20130129	牧野 さゆり	A	60	48	52	64	224	5
9	20130139	青野 彩華	A	52	60	60	80	252	3
10	平均			60.6	54.9	50.3	65.1	230.9	
11									
12	社員	氏名	区分	責任感	判断力	知識力	協調性	合計	順位
13	20130122	田淵 美佳	B	64	84	76	72	296	2
14	20130125	千田 はるか	B	68	56	88	84	296	2
15	20130127	岸 健	B	36	44	48	52	180	9
16	20130130	前田 桃子	B	60	72	48	64	244	6
17	20130132	田中 完爾	B	64	44	28	52	188	8
18	20130138	岡 恵子	B	72	76	88	84	320	1
19	20130141	玉城 ヒロ	B	60	52	64	40	216	7
20	20130144	上野 薫	B	64	68	88	68	288	4
21	20130145	柄本 はるみ	B	80	52	76	56	264	5
22	平均			63.1	60.9	67.1	63.6	254.7	

Section 04

ワークシートでは表示されている文字が、印刷したら欠ける。どうして？

入力されているデータぎりぎりのセル幅に調整すると、印刷時に文字が欠けてしまうのです。几帳面な人ほど、データの文字数ぎりぎりに列幅をそろえてしまうようですね。ある程度の余白が必要です。

ワークシート上では文字が表示されているけど……

東京都品川区西品川	(03) 3885-195
東京都足立区中央本町	(03) 3906-465
東京都足立区千住大川町	(03) 3927-734
東京都台東区浅草	(03) 3949-004
東京都台東区花川戸	(03) 3970-274

印刷すると文字が欠ける

東京都品川区西品川	(03) 3885-195
東京都足立区中央本町	(03) 3906-465
東京都足立区千住大川町	(03) 3927-734
東京都台東区浅草	(03) 3949-004
東京都台東区花川戸	(03) 3970-274

「じゃあ、どのくらいの余白を残して列幅を決めればいいの？」

となりますが、自分で決めていては文字が欠けたり、余白が多すぎたりするので、Excel に自動調整してもらいましょう。

❶ 行列番号の左上をクリックして、ワークシート全体を選択します。

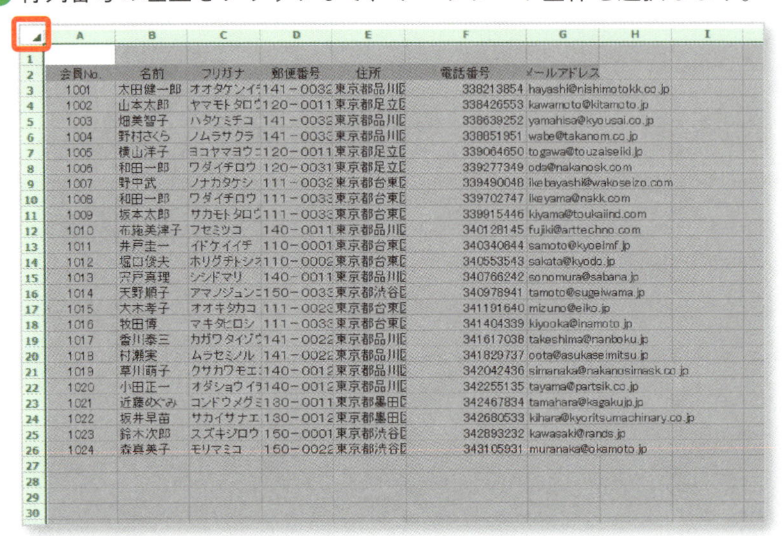

	A	B	C	D	E	F	G	H	I
1									
2	会員No.	名前	フリガナ	郵便番号	住所	電話番号	メールアドレス		
3	1001	太田健一郎	オオタケンイ	141－0032	東京都品川区	338213854	hayashi@nishimotokk.co.jp		
4	1002	山本太郎	ヤマモトタロ	120－0011	東京都足立区	338426553	kawamoto@kitamoto.jp		
5	1003	畑美智子	ハタケミチコ	141－0032	東京都品川区	338639252	yamahisa@kyousai.co.jp		
6	1004	野村さくら	ノムラサクラ	141－0033	東京都品川区	338851951	wabe@takanom.co.jp		
7	1005	横山洋子	ヨコヤマヨウ	120－0011	東京都足立区	339064650	togawa@touzaiseiki.jp		
8	1006	和田一郎	ワダイチロウ	120－0031	東京都足立区	339277349	oda@nakanosk.com		
9	1007	野中武	ノナカタケシ	111－0032	東京都台東区	339490048	ikebayashi@wakoseizo.com		
10	1008	和田一郎	ワダイチロウ	111－0033	東京都台東区	339702747	ikeyama@nakk.com		
11	1009	坂本太郎	サカモトタロ	111－0033	東京都台東区	339915446	kiyama@toukaiind.com		
12	1010	布施美津子	フセミツコ	140－0011	東京都品川区	340128145	fujiki@arttechno.com		
13	1011	井戸圭一	イドケイイチ	110－0001	東京都台東区	340340844	samoto@kyoeimf.jp		
14	1012	堀口俊夫	ホリグチトシ	110－0002	東京都台東区	340553543	sakata@kyodo.jp		
15	1013	宍戸真理	シシドマリ	140－0011	東京都品川区	340766242	sonomura@sabana.jp		
16	1014	天野順子	アマノジュン	150－0033	東京都渋谷区	340978941	tamoto@sugeiwama.jp		
17	1015	大木孝子	オオキタカコ	111－0023	東京都台東区	341191640	mizuno@eiko.jp		
18	1016	牧田博	マキタヒロシ	111－0033	東京都台東区	341404339	kiyooka@inamoto.jp		
19	1017	香川泰三	カガワタイゾ	141－0022	東京都品川区	341617038	takeshima@nanboku.jp		
20	1018	村瀬実	ムラセミノル	141－0022	東京都品川区	341829737	oota@asukaseimitsu.jp		
21	1019	草川萌子	クサカワモエ	140－0012	東京都品川区	342042436	simanaka@nakanosimask.co.jp		
22	1020	小田正一	オダショウイ	140－0012	東京都品川区	342255135	tayama@partsik.co.jp		
23	1021	近藤めぐみ	コンドウメグ	130－0011	東京都墨田区	342467834	tamahara@kagakujp.jp		
24	1022	坂井早苗	サカイサナエ	130－0012	東京都墨田区	342680533	kihara@kyoritsumachinary.co.jp		
25	1023	鈴木次郎	スズキジロウ	150－0001	東京都渋谷区	342893232	kawasaki@rands.jp		
26	1024	森真美子	モリマミコ	150－0022	東京都渋谷区	343105931	muranaka@okamoto.jp		
27									
28									
29									
30									

❷ 任意の列番号の境界線をダブルクリックします。

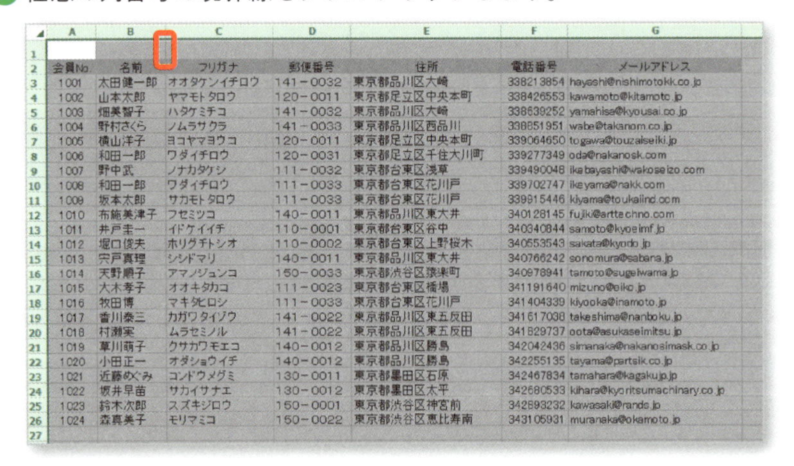

	A	B	C	D	E	F	G
1							
2	会員No.	名前	フリガナ	郵便番号	住所	電話番号	メールアドレス
3	1001	太田健一郎	オオタケンイチロウ	141－0032	東京都品川区大崎	338213854	hayashi@nishimotokk.co.jp
4	1002	山本太郎	ヤマモトタロウ	120－0011	東京都足立区中央本町	338426553	kawamoto@kitamoto.jp
5	1003	畑美智子	ハタケミチコ	141－0032	東京都品川区大崎	338639252	yamahisa@kyousai.co.jp
6	1004	野村さくら	ノムラサクラ	141－0033	東京都品川区西品川	338851951	wabe@takanom.co.jp
7	1005	横山洋子	ヨコヤマヨウコ	120－0011	東京都足立区中央本町	339064650	togawa@touzaiseiki.jp
8	1006	和田一郎	ワダイチロウ	120－0031	東京都足立区千住大川町	339277349	oda@nakanosk.com
9	1007	野中武	ノナカタケシ	111－0032	東京都台東区浅草	339490048	ikebayashi@wakoseizo.com
10	1008	和田一郎	ワダイチロウ	111－0033	東京都台東区花川戸	339702747	ikeyama@nakk.com
11	1009	坂本太郎	サカモトタロウ	111－0033	東京都台東区花川戸	339915446	kiyama@toukaiind.com
12	1010	布施美津子	フセミツコ	140－0011	東京都品川区東大井	340128145	fujiki@arttechno.com
13	1011	井戸圭一	イドケイイチ	110－0001	東京都台東区谷中	340340844	samoto@kyoeimf.jp
14	1012	堀口俊夫	ホリグチトシオ	110－0002	東京都台東区上野桜木	340553543	sakata@kyodo.jp
15	1013	宍戸真理	シシドマリ	140－0011	東京都品川区東大井	340766242	sonomura@sabana.jp
16	1014	天野順子	アマノジュンコ	150－0033	東京都渋谷区猿楽町	340978941	tamoto@sugeiwama.jp
17	1015	大木孝子	オオキタカコ	111－0023	東京都台東区橋場	341191640	mizuno@eiko.jp
18	1016	牧田博	マキタヒロシ	111－0033	東京都台東区花川戸	341404339	kiyooka@inamoto.jp
19	1017	香川泰三	カガワタイゾウ	141－0022	東京都品川区東五反田	341617038	takeshima@nanboku.jp
20	1018	村瀬実	ムラセミノル	141－0022	東京都品川区東五反田	341829737	oota@asukaseimitsu.jp
21	1019	草川萌子	クサカワモエコ	140－0012	東京都品川区勝島	342042436	simanaka@nakanosimask.co.jp
22	1020	小田正一	オダショウイチ	140－0012	東京都品川区勝島	342255135	tayama@partsik.co.jp
23	1021	近藤めぐみ	コンドウメグミ	130－0011	東京都墨田区石原	342467834	tamahara@kagakujp.jp
24	1022	坂井早苗	サカイサナエ	130－0012	東京都墨田区太平	342680533	kihara@kyoritsumachinary.co.jp
25	1023	鈴木次郎	スズキジロウ	150－0001	東京都渋谷区神宮前	342893232	kawasaki@rands.jp
26	1024	森真美子	モリマミコ	150－0022	東京都渋谷区恵比寿南	343105931	muranaka@okamoto.jp
27							

これで、すべての列が、入力されているデータの最長文字幅にあわせて調整されます。

ワークシート全体を調整したいのか、選択した列だけ調整したいのか、あらかじめ選択することを忘れないでください。

⊕印刷で文字が欠けない

東京都品川区西品川	(03) 3885-1951
東京都足立区中央本町	(03) 3906-4650
東京都足立区千住大川町	(03) 3927-7349
東京都台東区浅草	(03) 3949-0048
東京都台東区花川戸	(03) 3970-2747

同じ表を複数作成したいときに、デザインだけ同じにしたいのに、コピー＆貼り付けだと、データまで入れ替わっちゃう……

同じ書式の表を複数作成する場合に、罫線や網掛けなどを再度設定するのは手間がかかります。かといって、コピー＆ペーストを使うと、データが書き換わってしまいますね。

そういう場合は、「書式のコピー」を使いましょう。

1 コピー元の表を選択します。

	A	B	C	D	E	F	G	H	I
1		社内研修結果							
2	社員	氏名	区分	責任感	判断力	知識力	協調性	合計	順位
3	20130102	神谷 知史	A	36	44	16	48	144	7
4	20130106	菅原 仁	A	48	72	80	68	268	2
5	20130108	立花 真希	A	76	24	60	52	212	6
6	20130118	平野 ジョージ	A	96	68	48	72	284	1
7	20130124	西尾 里穂	A	56	68	36	72	232	4
8	20130129	牧野 さゆり	A	60	48	52	64	224	5
9	20130139	青野 彩華	A	52	60	60	80	252	3
10		平均		60.6	54.9	50.3	65.1	230.9	
11									
12	社員	氏名	区分	責任感	判断力	知識力	協調性	合計	順位
13	20130122	田淵 美佳	B	64	84	76	72	296	2
14	20130125	千田 はるか	B	68	56	88	84	296	2
15	20130127	岸 健	B	36	44	48	52	180	7
16	20130130	前田 桃子	B	60	72	48	64	244	4
17	20130132	田中 完爾	B	64	44	28	52	188	6
18	20130138	岡 恵子	B	72	76	88	84	320	1
19	20130141	玉城 ヒロ	B	60	52	64	40	216	5
20	平均			60.571429	61.142857	62.857143	64	248.57143	

❷［ホーム］タブ ⇨［クリップボード］グループの［書式のコピー/貼り付け］をクリックします。

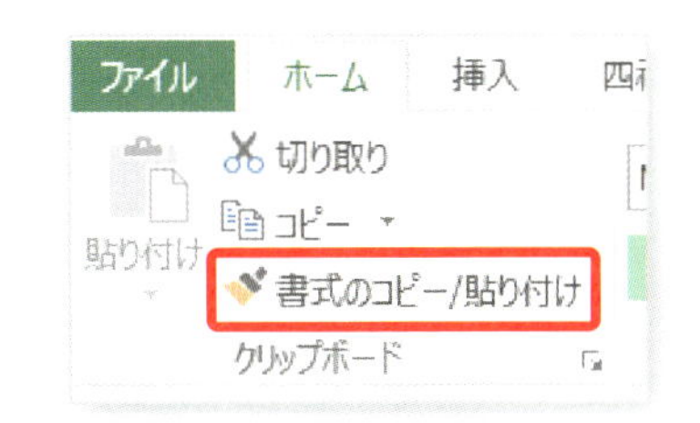

❸コピー先の表を選択すると、同じ書式の表が完成します。

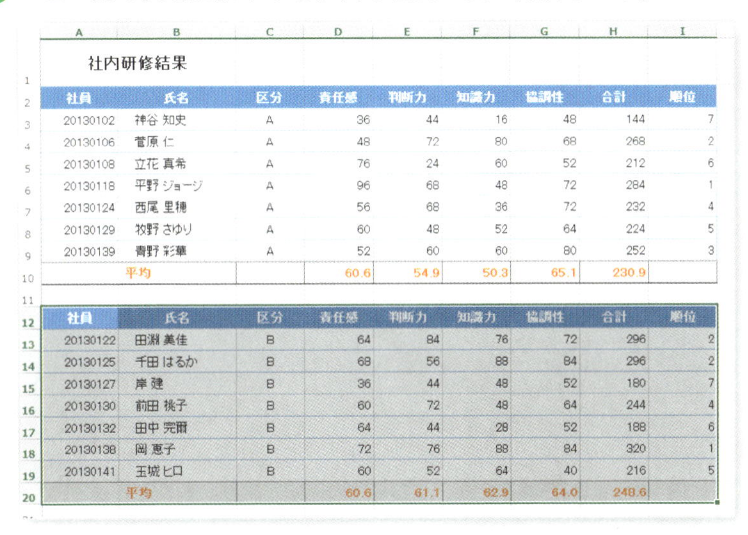

社内研修結果

社員	氏名	区分	責任感	判断力	知識力	協調性	合計	順位
20130102	神谷 知史	A	36	44	16	48	144	7
20130106	菅原 仁	A	48	72	80	68	268	2
20130108	立花 真希	A	76	24	60	52	212	6
20130118	平野 ジョージ	A	96	68	48	72	284	1
20130124	西尾 里穂	A	56	68	36	72	232	4
20130129	牧野 さゆり	A	60	48	52	64	224	5
20130139	青野 彩華	A	52	60	60	80	252	3
平均			60.6	54.9	50.3	65.1	230.9	

社員	氏名	区分	責任感	判断力	知識力	協調性	合計	順位
20130122	田淵 美佳	B	64	84	76	72	296	2
20130125	千田 はるか	B	68	56	88	84	296	2
20130127	岸 建	B	36	44	48	52	180	7
20130130	前田 桃子	B	60	72	48	64	244	4
20130132	田中 完爾	B	64	44	28	52	188	6
20130138	岡 恵子	B	72	76	88	84	320	1
20130141	玉城 ヒロ	B	60	52	64	40	216	5
平均			60.6	61.1	62.9	64.0	248.6	

［書式のコピー］ボタンは、クリックかダブルクリックかで動作が変わります。

- 書式のコピー先が1か所の場合 ⇨ クリック
- 連続で複数個所に貼り付けたい場合 ⇨ ダブルクリック

連続で書式のコピーを行った場合は、Esc で解除することを忘れないようにしましょう（または、［書式のコピー］ボタンをクリックして解除）。

Section 06

表をコピーして貼り付けたら行の高さが変わらない！どうして？

びっくりしますよね。「なんで行の高さが変わらないのか！」と。表全体を選択してコピー&貼り付けを行うと、行の高さの情報が含まれていないため、行の高さが初期値のままになるのです。

そういう場合は、行選択をして、コピー&貼り付けを行いましょう。

⊕表だけ選択して貼り付けた場合

社内研修結果

社員	氏名	区分	責任感	判断力	知識力	協調性	合計	順位
20130102	神谷 知史	A	36	44	16	48	144	7
20130106	菅原 仁	A	48	72	80	68	268	2
20130108	立花 真希	A	76	24	60	52	212	6
20130118	平野 ジョージ	A	96	68	48	72	284	1
20130124	西尾 里穂	A	56	68	36	72	232	4
20130129	牧野 さゆり	A	60	48	52	64	224	5
20130139	青野 彩華	A	52	60	60	80	252	3
平均			60.6	54.9	50.3	65.1	230.9	

社員	氏名	区分	責任感	判断力	知識力	協調性	合計	順位
20130102	神谷 知史	A	36	44	16	48	144	7
20130106	菅原 仁	A	48	72	80	68	268	2
20130108	立花 真希	A	76	24	60	52	212	6
20130118	平野 ジョージ	A	96	68	48	72	284	1
20130124	西尾 里穂	A	56	68	36	72	232	4
20130129	牧野 さゆり	A	60	48	52	64	224	5
20130139	青野 彩華	A	52	60	60	80	252	3
平均			60.6	54.9	50.3	65.1	230.9	

⬇行選択をして貼り付けた場合

社内研修結果

社員	氏名	区分	責任感	判断力	知識力	協調性	合計	順位
20130102	神谷 知史	A	36	44	16	48	144	7
20130106	菅原 仁	A	48	72	80	68	268	2
20130108	立花 真希	A	76	24	60	52	212	6
20130118	平野 ジョージ	A	96	68	48	72	284	1
20130124	西尾 里穂	A	56	68	36	72	232	4
20130129	牧野 さゆり	A	60	48	52	64	224	5
20130139	青野 彩華	A	52	60	60	80	252	3
	平均		60.6	54.9	50.3	65.1	230.9	

社員	氏名	区分	責任感	判断力	知識力	協調性	合計	順位
20130102	神谷 知史	A	36	44	16	48	144	7
20130106	菅原 仁	A	48	72	80	68	268	2
20130108	立花 真希	A	76	24	60	52	212	6
20130118	平野 ジョージ	A	96	68	48	72	284	1
20130124	西尾 里穂	A	56	68	36	72	232	4
20130129	牧野 さゆり	A	60	48	52	64	224	5
20130139	青野 彩華	A	52	60	60	80	252	3
	平均		60.6	54.9	50.3	65.1	230.9	

列選択を行って別のシートにコピー&貼り付けを行うと、列幅もコピー元の列幅になります（行の高さはコピーされません）。

Section 07

行選択をして別のシートに貼り付けたら、行高は変わったけど、列幅が変わらない！

そうですね、行選択だと、行の情報は含まれるけど、列の情報は含まれていないことになるのです。上下に貼り付けるならば、列幅は同じなのでOKですが、別のシートなどに貼り付けると、列の情報がないので、列幅が変更されません。表を別のシートに貼り付けたとき、列幅が変わってしまい、文字が欠けてしまうことになります。

貼り付けた後に、列幅のみ貼り付けなおしましょう。

1 データを貼り付けた後に表示される［貼り付けオプション］ボタンをクリックします。

❷ [元の列幅を保持] をクリックします。

	A	B	C	D	E	F	G	H	I	J
1	社員	氏名	区分	責任感	判断力	知識力	協調性	合計	順位	
2	20130102	神谷 知	A	36	44	16	48	144	7	
3	20130106	菅原 仁	A	48	72	80	68	268	2	
4	20130108	立花 真	A	76	24	60	52	212	6	
5	20130118	平野 ジ	A	96	68	48	72	284	1	
6	20130124	西尾 里	A	56	68	36	72	232	4	
7	20130129	牧野 さ	A	60	48	52	64	224	5	
8	20130139	青野 彩	A	52	60	60	80	252	3	
9	平均			60.6	54.9	50.3	65.1	230.9		

貼り付け

値の貼り付け

元の列幅を保持 (W)

その他の貼り付けオプション

これで列幅も同じになり、データがきちんと表示されます。

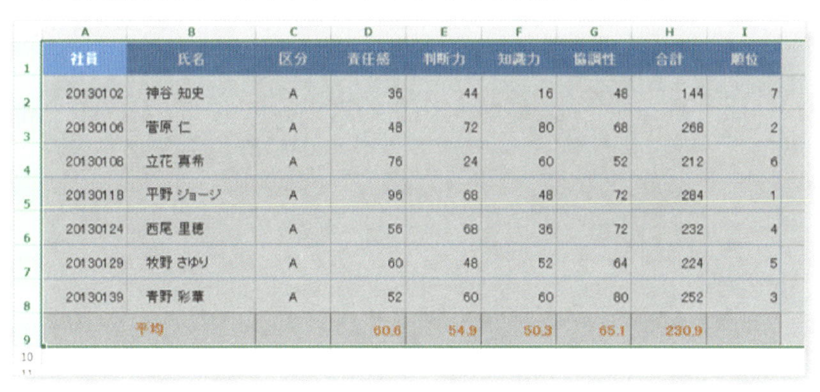

	A	B	C	D	E	F	G	H	I
1	社員	氏名	区分	責任感	判断力	知識力	協調性	合計	順位
2	20130102	神谷 知史	A	36	44	16	48	144	7
3	20130106	菅原 仁	A	48	72	80	68	268	2
4	20130108	立花 真希	A	76	24	60	52	212	6
5	20130118	平野 ジョージ	A	96	68	48	72	284	1
6	20130124	西尾 里穂	A	56	68	36	72	232	4
7	20130129	牧野 さゆり	A	60	48	52	64	224	5
8	20130139	青野 彩華	A	52	60	60	80	252	3
9	平均			60.6	54.9	50.3	65.1	230.9	

Section 08

列幅の違う表を上下に作成したいけど、できる？

残念ながら、列幅が違う表を同じワークシート内の上下に作成することはできません。列幅は列単位、行高は行単位となるからです。

異なるフォーマットの表をまとめて１枚のワークシートにレイアウトしたい場合は、「図として貼り付け」を使用しましょう。

1. 表を選択してコピーします（Ctrl＋C）。

2. ［ホーム］タブ ⇨［クリップボード］グループ ⇨［書式のコピー／貼り付け］ボタンをクリックします。

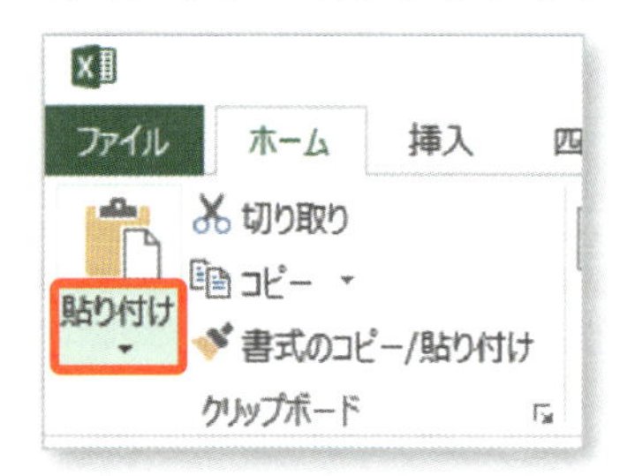

❸［貼り付けオプション］から［図］をクリックします。

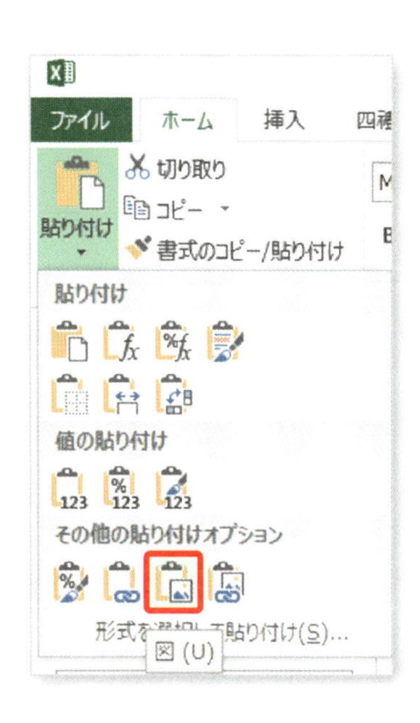

❹サイズ、配置を調整します。

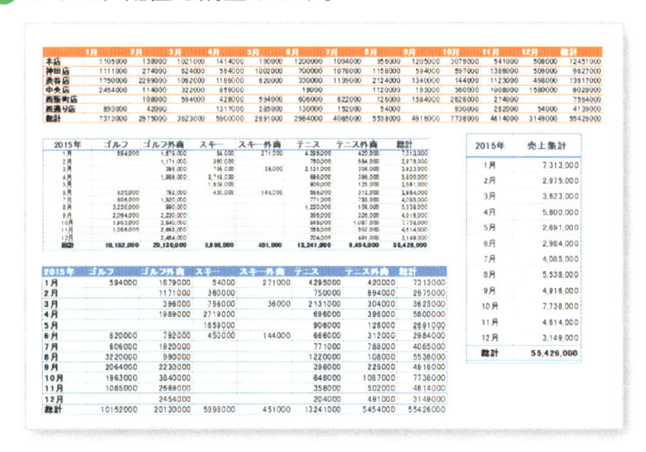

	1月	2月	3月	4月	5月	6月	7月	8月	9月	10月	11月	12月	総計
本店	1105000	138000	1021000	1414000	190000	1200000	1094000	956000	1205000	3079000	541000	508000	12451000
神田店	1111000	274000	624000	594000	1002000	700000	1078000	1158000	594000	597000	1386000	509000	9627000
渋谷店	1750000	2299000	1062000	1188000	620000	330000	1139000	2124000	1340000	144000	1123000	498000	13617000
中央店	2454000	114000	322000	859000		18000		1120000	193000	360000	1008000	1580000	8028000
西坂町店		108000	594000	428000	594000	606000	622000	126000	1584000	2628000	274000		7564000
西通り店	893000	42000		1317000	285000	130000	152000	54000		930000	282000	54000	4139000
総計	7313000	2975000	3623000	5800000	2691000	2984000	4085000	5538000	4916000	7738000	4614000	3149000	55426000

2015年	ゴルフ	ゴルフ外商	スキー	スキー外商	テニス	テニス外商	総計
1月	594,000	1,679,000	54,000	271,000	4,295,000	420,000	7,313,000
2月		1,171,000	360,000		750,000	694,000	2,975,000
3月		396,000	756,000	36,000	2,131,000	304,000	3,623,000
4月		1,989,000	2,719,000		696,000	396,000	5,800,000
5月			1,659,000		906,000	126,000	2,691,000
6月	620,000	792,000	450,000	144,000	666,000	312,000	2,984,000
7月	606,000	1,920,000			771,000	788,000	4,085,000
8月	3,220,000	990,000			1,220,000	108,000	5,538,000
9月	2,064,000	2,230,000			396,000	226,000	4,916,000
10月	1,963,000	3,840,000			848,000	1,087,000	7,738,000
11月	1,085,000	2,669,000			358,000	502,000	4,614,000
12月		2,454,000			204,000	491,000	3,149,000
総計	10,152,000	20,130,000	5,998,000	451,000	13,241,000	5,454,000	55,426,000

2015年	売上集計
1月	7,313,000
2月	2,975,000
3月	3,623,000
4月	5,800,000
5月	2,691,000
6月	2,984,000
7月	4,085,000
8月	5,538,000
9月	4,916,000
10月	7,738,000
11月	4,614,000
12月	3,149,000
総計	55,426,000

2015年	ゴルフ	ゴルフ外商	スキー	スキー外商	テニス	テニス外商	総計
1月	594000	1679000	54000	271000	4295000	420000	7313000
2月		1171000	360000		750000	694000	2975000
3月		396000	756000	36000	2131000	304000	3623000
4月		1989000	2719000		696000	396000	5800000
5月			1659000		906000	126000	2691000
6月	620000	792000	450000	144000	666000	312000	2984000
7月	606000	1920000			771000	788000	4085000
8月	3220000	990000			1220000	108000	5538000
9月	2064000	2230000			396000	226000	4916000
10月	1963000	3840000			648000	1087000	7738000
11月	1085000	2669000			358000	502000	4614000
12月		2454000			204000	491000	3149000
総計	10152000	20130000	5998000	451000	13241000	5454000	55426000

あっちの表、こっちの表と何枚も印刷する必要がなくなるので、報告資料などの作成には便利です。

ただし、図として貼り付けたデータは、編集ができません。あくまで、印刷用としてのレイアウトと考えてください。

第3章

文字のイライラをなくす

表を作成していると、数値や計算式だけではなく、文字列の扱いに意外とストレスがたまることがあります。入力時、印刷時だけでなく、データを整えるときのコツを覚えておきましょう。

Section 01

列幅の自動調整を行うと、列幅が広がりすぎる……狭い列にすべての文字を表示させるにはどうすればいい？

列幅を変更するとき、ダブルクリックすると、その列の中で一番長い文字列に合わせて自動調整されます。そのため、住所が長い方などがいた場合、幅が広がりすぎるケースがあります。

列幅を決めて、その列内に自動表示させる方法が２つあります。

- 文字の自動改行

⇨ 決められた列幅に収まりきれない文字は、自動的に２行目に表示されます。文字数が多いときに使うといいです。

- 文字の自動縮小

⇨ セル幅に合わせて文字が縮小して表示されます。縮小率が大きくなると文字が読めなくなるので、はみ出す文字数が少ないときに使うといいです。

❶ Ctrl ＋ 1 を押して［セルの書式設定］画面を表示し、［配置］タブをクリックします。

❷［文字の制御］から［縮小して全体を表示する］にチェックを入れます。

❸「折り返して全体を表示する」にチェックを入れます。

❹［縮小して全体を表示する］がグレーになるので、［OK］をクリックします。

２つのチェックを入れておくことで、切り替えて使えるようになります。

⊕［折り返して全体を表示する］が ON の場合（左）OFF の場合（右）

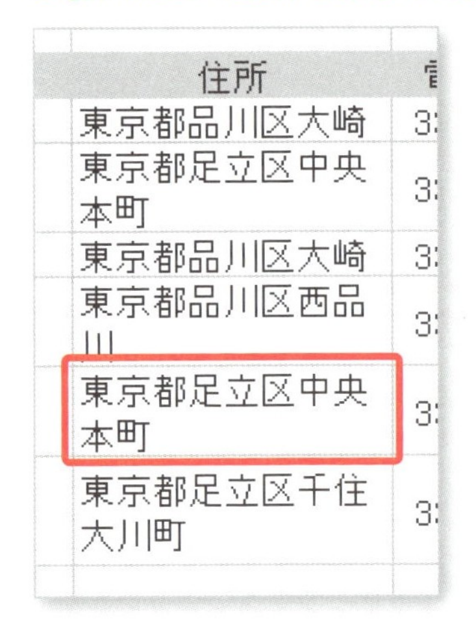

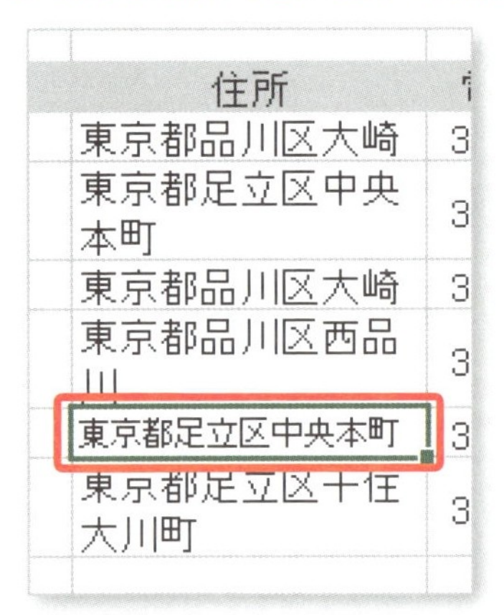

2つのチェックを ON にしておくことで、「折り返して全体を表示する」を OFF にしても、自動的に縮小されて表示されます。
「折り返して全体を表示する」は、［セルの書式設定］画面を開かなくても、［ホーム］タブ ⇨［配置］グループのボタンで切り替えられます。

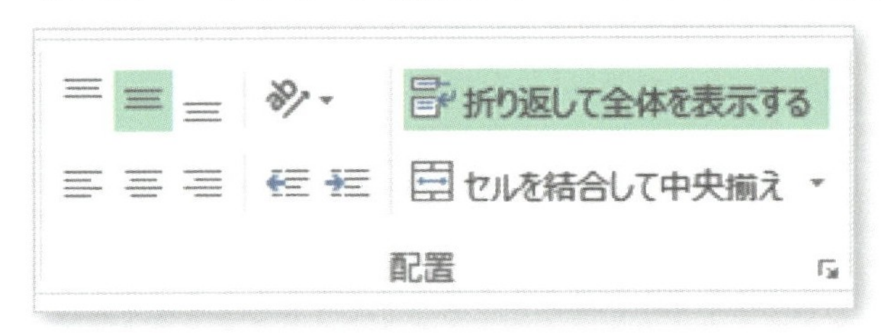

列全体に「折り返して全体を表示する」と「縮小して全体を表示する」を設定し、必要に応じて「折り返して全体を表示する」を解除して使うといいですね。

「折り返して全体を表示する」にすると、変な場所で改行される！

そうなんですよ。勝手に2行にしてくれて助かるけど、1文字だけ2行目にきたり、単語の途中で改行されて、読みにくかったりするんですよね。セル幅に合わせて文字が折り返されるので、自由に行を分けることができないのです。

そういう場合は、セルごとに指定した場所で改行する「セル内改行」を使いましょう。

❶ 改行したい文字の前にカーソルを置きます。

❷ Alt ＋ Enter を押すと、セルの指定した場所で改行されます。

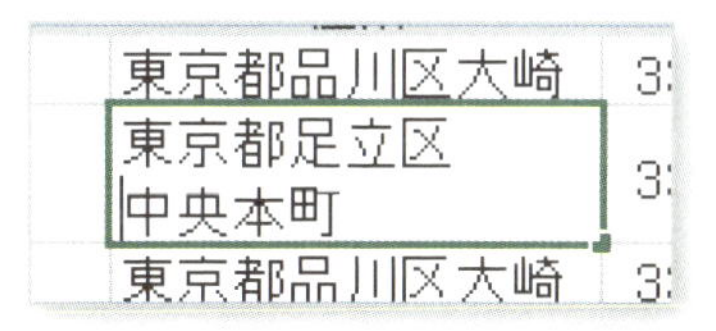

複数行を横に結合したいけど、一度に選択して結合すると1つになっちゃう……

まとめて選択したら、全部で1つのセルになっちゃいます。横にセルを結合したい行が複数行あると、何度も選択しなおして［セルの結合］ボタンを使うのがめんどうですよね。

でも、大丈夫。一度にまとめて横にセルの結合を行う方法があります。

1. 結合したい範囲を選択します。

2. ［ホーム］タブ ⇨［配置］グループ ⇨［セルを結合して中央揃え］⇨［横方向に結合］をクリックします。

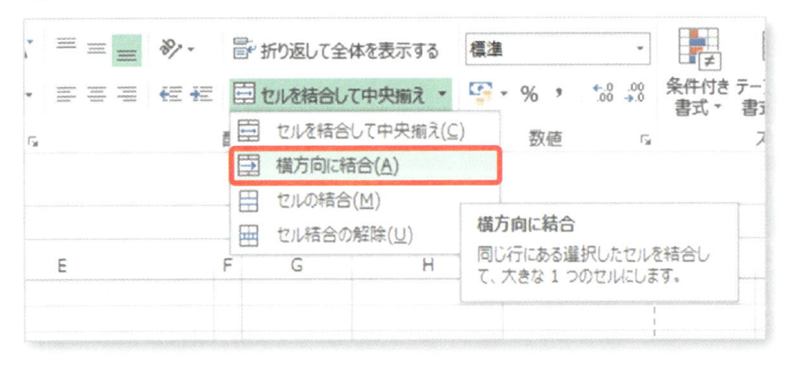

このとき、結合のみで、文字列を中央そろえには配置しません。

セルを横に結合する前

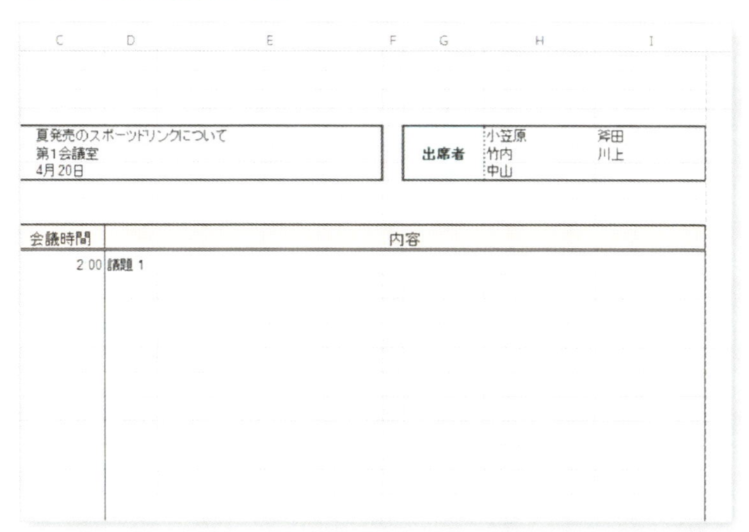

セルを横に結合した後

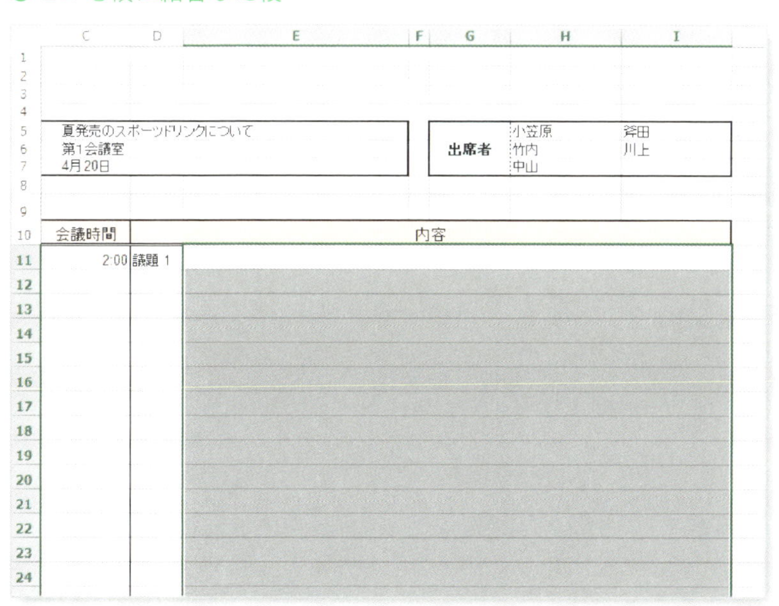

文字を均等の幅に配置したいけど、Word のような均等割り付けのボタンがない！

Excel では、Word のように段落や文字数に合わせての均等割り付けはできません。Excel では、セル単位での均等割り付けになります。セルの幅の中で、文字が均等に配置されます。

セルの均等割り付けとインデントをうまく使うことで、文字幅を調節できますよ。Space をトントントンと押して調節するのはやめましょうね。

1. そろえたいセルを選択します。

2. Ctrl ＋ 1 を押して［セルの書式設定］画面を表示し、［配置］タブをクリックします。

3. ［文字の配置］の［横位置］で［均等割り付け（インデント）］を選択します。

❹インデントの数字を入れます。

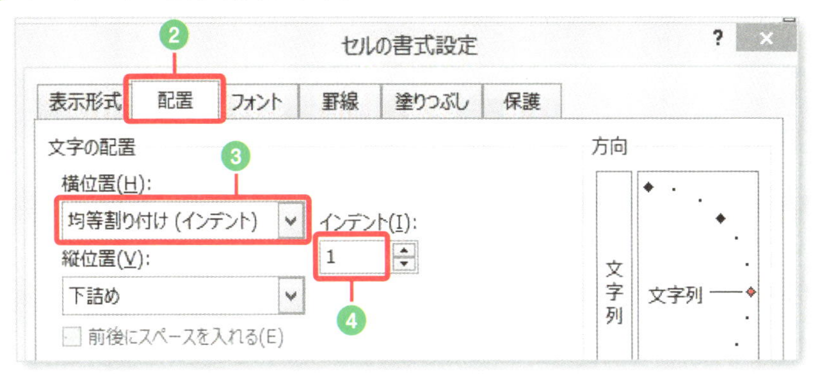

インデントが「0」の場合は、セルの両端に文字幅がそろいます。

インデントが「1」の場合は、セルの両端に1文字分のスペースを空けて、文字幅がそろいます。

右揃え

文字の均等割り付け・インデント0

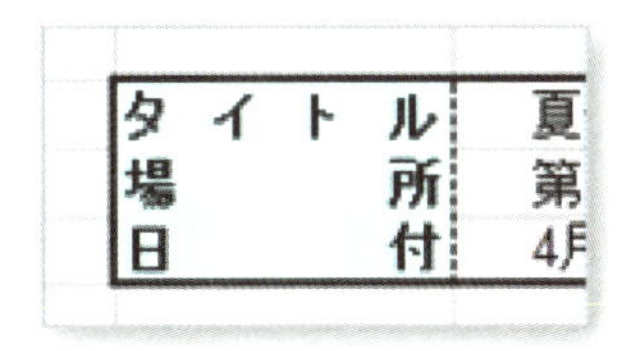

文字の均等割り付け・インデント1

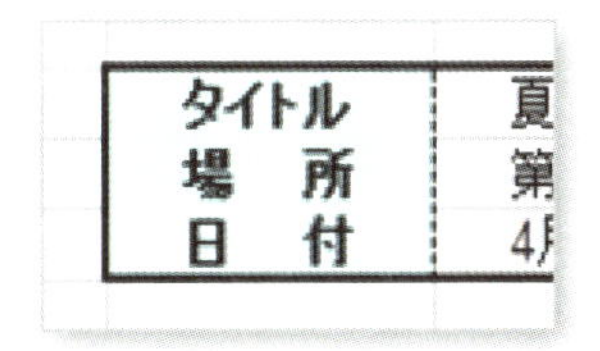

Section 05

文字と罫線が近すぎて表が見づらい……全体に字下げできない？

たしかに、左ぞろえ、右ぞろえのセルが隣り合うと、文字が近すぎて読みにくい場合がありますね。インデントを使って字下げを行うことで読みやすくなりますよ。

1. 字下げしたい列を選択します。

2. ［ホーム］タブ ⇨［配置］グループから［インデントを増やす］ボタンをクリックします。

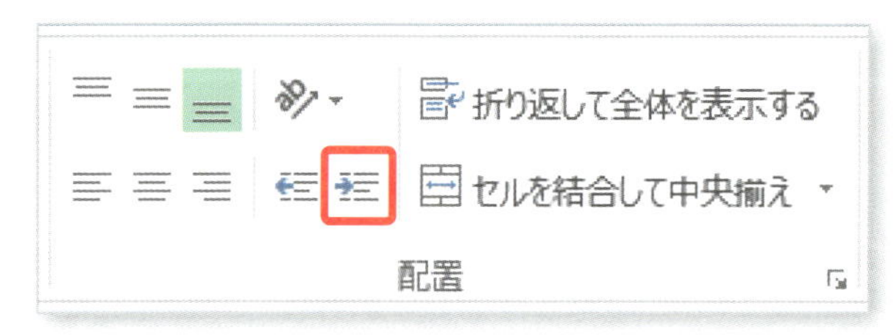

字下げ前

日付	店名	
2016/1/7	中央店	自
2016/1/7	渋谷店	自
2016/1/7	本店	自
2016/1/7	西通り店	自
2016/1/7	渋谷店	店
2016/1/14	本店	自
2016/1/14	渋谷店	自
2016/1/14	本店	自
2016/1/14	西通り店	店
2016/1/14	神田店	店
2016/1/17	中央店	店
2016/1/20	神田店	自
2016/1/21	本店	自

字下げ後

日付	店名	
2016/1/7	中央店	自
2016/1/7	渋谷店	自
2016/1/7	本店	自
2016/1/7	西通り店	自
2016/1/7	渋谷店	店
2016/1/14	本店	自
2016/1/14	渋谷店	自
2016/1/14	本店	自
2016/1/14	西通り店	店
2016/1/14	神田店	店
2016/1/17	中央店	店
2016/1/20	神田店	自
2016/1/21	本店	自

文字の間隔、スペースを使わないで広げられない？

いいところに目を付けましたね。スペースを使わないで文字間を広げておくと、文字を修正しても、文字間隔が均等になります。

表題など、文字サイズを大きくして左右に広げるのに、スペースを使って文字間を開けている方がとても多いですが、修正をかけると文字間がそろわなくて手間がかかってしまいます。

スペースを使わないで、文字間隔を調整しましょう。均等割り付けとインデントの組み合わせることで、かんたんに設定できます。

❶ Ctrl ＋ 1 で［セルの書式設定］画面を表示させ、［配置］タブをクリックします。

❷［文字の配置］で以下を設定します。

- 横位置　⇨ 均等割り付け（インデント）
- インデント ⇨ 20　※任意

❸ [OK] ボタンをクリックします。

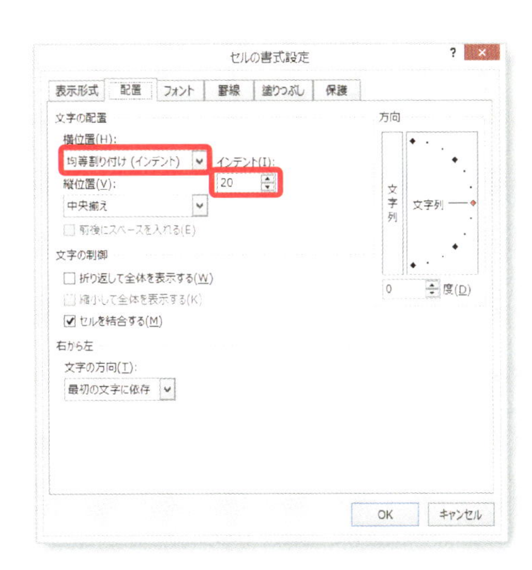

⊕中央ぞろえの設定で文字間にスペースを使うと、文字を変えたときに崩れる

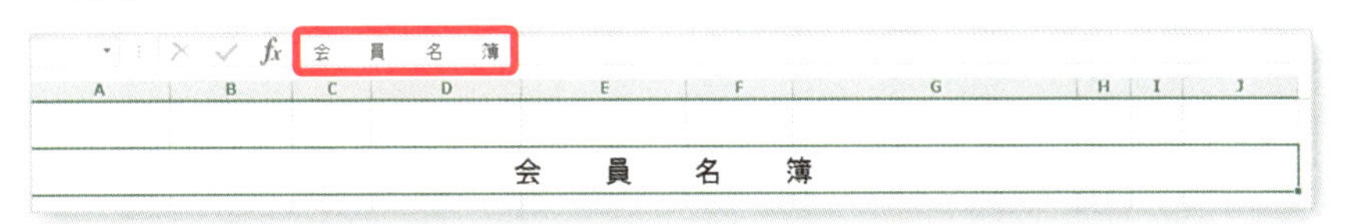

⊕文字の均等割り付けとインデントを設定しておくと、文字を変えても崩れない

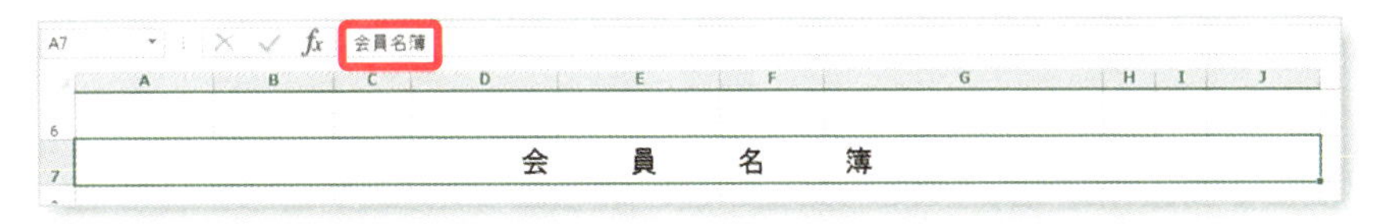

「渡辺」と「渡邉」、「斉藤」と「斎藤」とか、変換ミスが多くて集計が狂う！

集計したら、渡辺さんが2人いて「どうしてこうなるの？」ってことですね。言われればわかることですが、入力中は意外と気がつかないケースもあります。

そういうときは、オートコンプリート機能を使いましょう。Excel は、同じ列内で入力したデータであれば、予測入力を行います。渡辺の「わ」と入力すると同じデータが表示されるので、Enter で確定すれば、誤変換ミスが防げます。初期値では、機能が ON になっています。

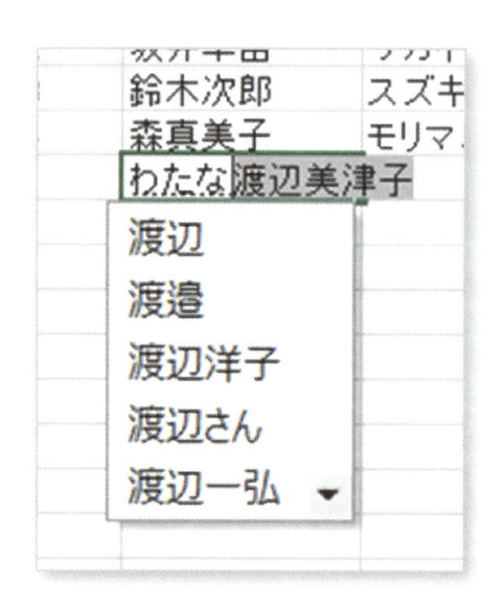

オートコンプリート機能は、オプションから設定解除ができます。使いたくない場合は、設定を変更しましょう。

❶［ファイル］タブから［オプション］をクリックします。

❷［詳細設定］をクリックし、［オートコンプリートを使用する］チェックボックスをOFFにします。

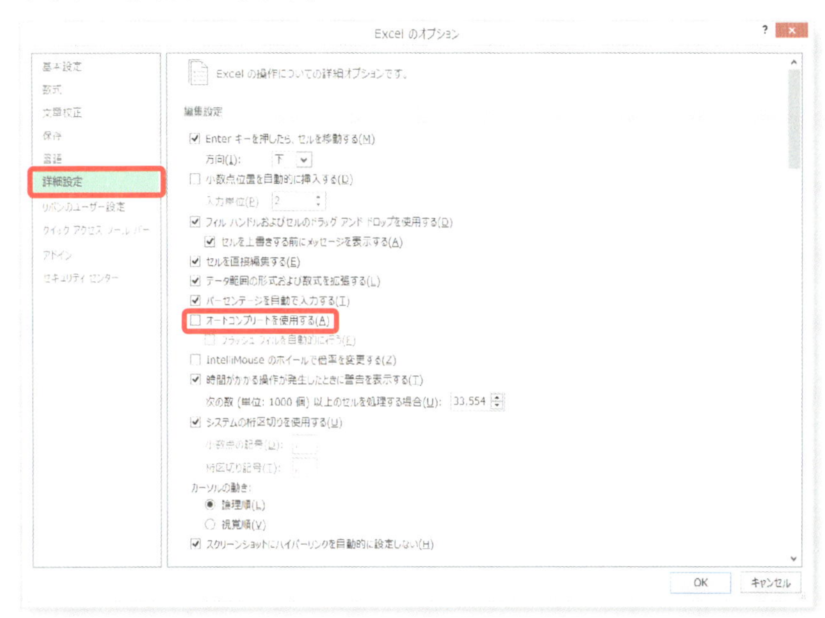

Section 08

オートコンプリート機能だと、途中から異なるデータを入力するのが面倒……

たしかに、オートコンプリート機能だと、何を入力したいか判別できた時点で候補が出るから、類似データが多くなると入力が大変になりますね。それに、半角のカタカナになったり、入力ミスがあったりした場合も、集計がうまくとれなくなります。

入力時にできるだけ文字を入力せずに済ませるには、リスト入力を使うと便利です。

Alt + ↓ を押すと、アクティブセルより上にある入力済みデータの一覧が表示されます。選択することで同一データが入力できるので、表記ゆれがなくなります。

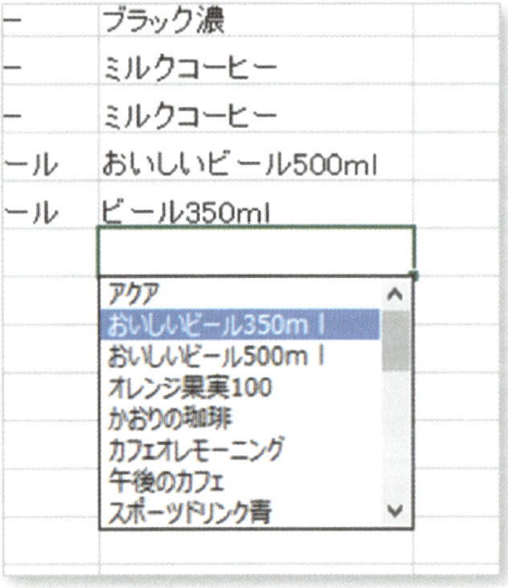

ブラック濃
ミルクコーヒー
ミルクコーヒー
おいしいビール500ml
ビール350ml
アクア
おいしいビール350ml
おいしいビール500ml
オレンジ果実100
かおりの珈琲
カフェオレモーニング
午後のカフェ
スポーツドリンク青

Section 09

特定の文字間にのみスペースを追加したい、まとめて処理できない？

Excelには、セルのデータを整えるのに便利な関数がたくさんあります。手動では大変な作業も、関数を活用してパパッと終わらせましょう。

ここでは、もしも商品名が「深煎り漆黒コーヒー」ならば左から4文字目にスペースを挿入し、それ以外はそのまま商品名を表示するようにしてみましょう。

完成イメージ

fx =IF(E2="深煎り漆黒コーヒー",REPLACE(E2,4,," "),E2)

C	D	E	F
販売形態	部門	商品名	
自販機	清涼飲料	アクア	アクア
自販機	清涼飲料	アクア	アクア
自販機	清涼飲料	スポーツドリンク赤	スポーツドリンク赤
自販機	清涼飲料	スポーツドリンク赤	スポーツドリンク赤
店内販売用	コーヒー	深煎り漆黒コーヒー	深煎り 漆黒コーヒー
自販機	清涼飲料	スポーツドリンク赤	スポーツドリンク赤
自販機	清涼飲料	スポーツドリンク赤	スポーツドリンク赤
自販機	清涼飲料	スポーツドリンク赤	スポーツドリンク赤
店内販売用	コーヒー	深煎り漆黒コーヒー	深煎り 漆黒コーヒー
店内販売用	コーヒー	深煎り漆黒コーヒー	深煎り 漆黒コーヒー
店内販売用	コーヒー	深煎り漆黒コーヒー	深煎り 漆黒コーヒー
自販機	コーヒー	深煎り漆黒コーヒー	深煎り 漆黒コーヒー
自販機	清涼飲料	スポーツドリンク赤	スポーツドリンク赤
自販機	清涼飲料	スポーツドリンク赤	スポーツドリンク赤
自販機	コーヒー	深煎り漆黒コーヒー	深煎り 漆黒コーヒー
店内販売用	コーヒー	深煎り漆黒コーヒー	深煎り 漆黒コーヒー
店内販売用	コーヒー	深煎り漆黒コーヒー	深煎り 漆黒コーヒー
自販機	清涼飲料	スポーツドリンク青	スポーツドリンク青
店内販売用	清涼飲料	スポーツドリンク赤	スポーツドリンク赤
店内販売用	アルコール	チューハイれもん	チューハイれもん

IF 関数（論理関数）と REPLACE 関数（文字列操作関数）を組み合わせて、以下のように一挙にスペースを挿入します。

深煎り漆黒コーヒー　⇨　深煎り　漆黒コーヒー

1 答えを表示したいセル（ここでは F2）を選択します。

2 ［数式］タブ ⇨［関数ライブラリ］グループの［論理］から「IF」関数を起動します。

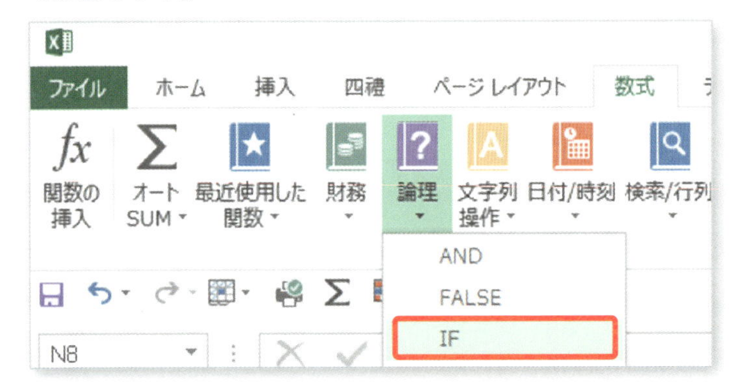

3 ［論理式］にカーソルを置き、次のように引数を入力します。
E2="深煎り漆黒コーヒー"

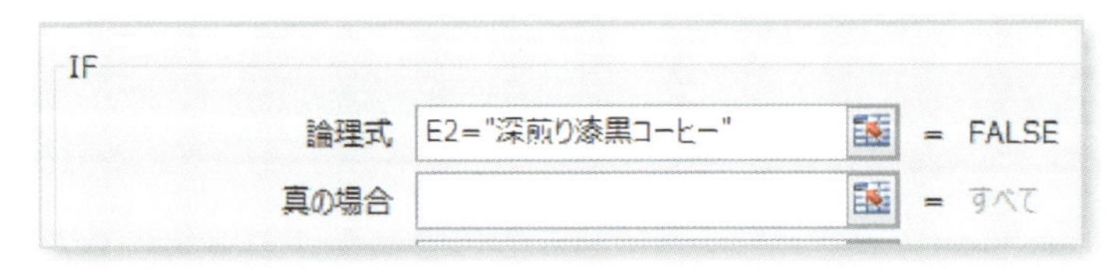

文字列の前後に"（ダブルクオーテーション）を忘れないようにしましょう。

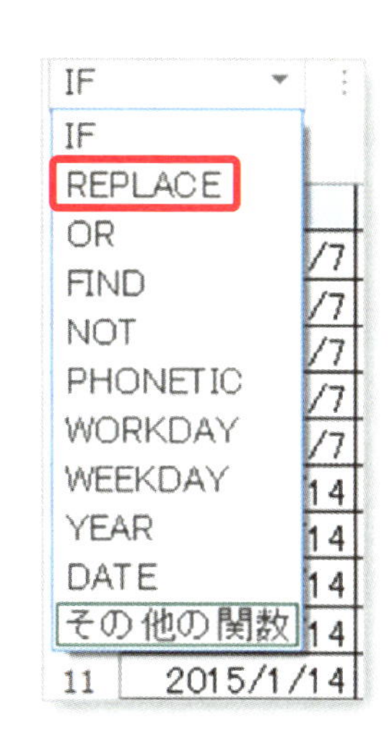

❹［真の場合］にカーソルを置き、名前ボックスから「REPLACE」関数を選択します。

表示されていない場合は［その他の関数］をクリックし、文字列操作関数から選択します。

❺関数の引数の画面がREPLACE関数に変わるので、次のように引数を入力します。

- 文字列　⇨ E2
- 開始位置　⇨ 4（「深煎り」の次の位置＝4文字目）
- 文字数　⇨ 未入力（削除する文字はないので、空白のままに）
- 置換文字列 ⇨「"　"」（スペースを挿入したいので、Space を1回。"は省略できます）

❻ 数式バーの「IF」をクリックして、引数画面を IF 関数に戻します。

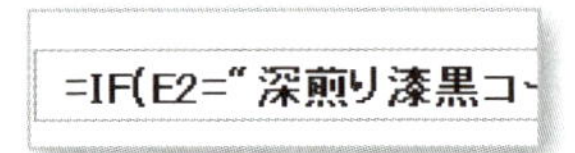

❼ [偽の場合] にカーソルを置き、E2 をクリックします。

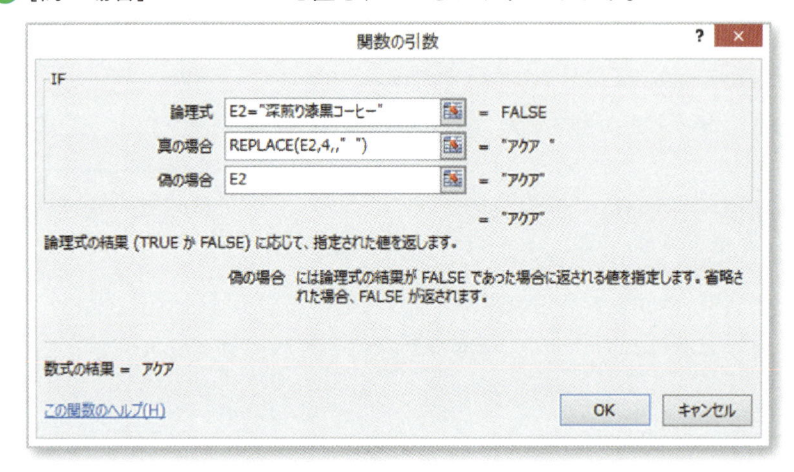

❽ [OK] ボタンをクリックし、数式をコピーします（フィルハンドルをダブルクリック）。

Section 10

指定した文字の前に「-」を入れたい。文字の位置が固定されていない場合はどうする？

「左から4文字目」などと決まった場所ではなく、それぞれ異なる場所にスペースや文字を挿入したいということですね。文字の位置が異なっても、「決められた文字の前に挿入」のように、データの中に何かしらの規則を見つけることがコツです。

たとえば、2016の前に「－」を挿入する場合の手順を見てみましょう。

⊕完成イメージ

	A	B
1	商品名	商品名2
2	htc2016sp1016	htc-2016sp1016
3	o2J2016sp001	o2J-2016sp001
4	2spic2016sp1005	2spic-2016sp1005
5		

1. 答えを表示したいセル（ここではB2）を選択します。
2. ［数式］タブ ⇨［関数ライブラリ］グループの［文字列操作］から「REPLACE」関数を起動します。

❸ 引数の［文字列］に、「A2」と入力します。

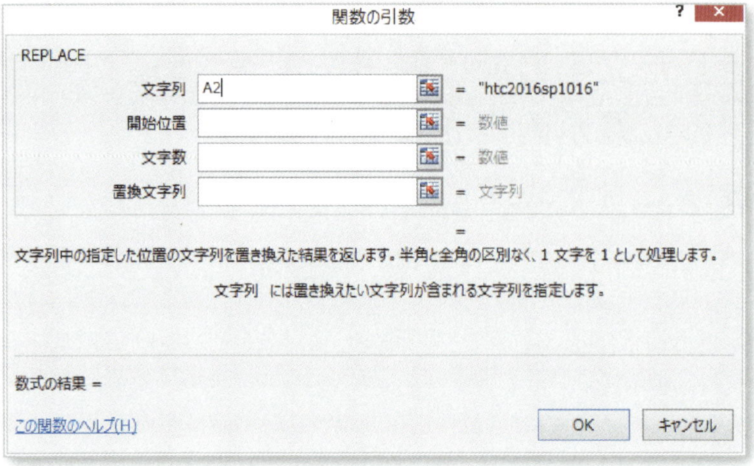

関数の引数

REPLACE

文字列 A2 = "htc2016sp1016"

開始位置 = 数値

文字数 = 数値

置換文字列 = 文字列

=

文字列中の指定した位置の文字列を置き換えた結果を返します。半角と全角の区別なく、1 文字を 1 として処理します。

文字列 には置き換えたい文字列が含まれる文字列を指定します。

数式の結果 =

この関数のヘルプ(H)

OK キャンセル

❹ 開始位置にカーソルを置き、名前ボックスから「FIND」関数を起動します。

表示されていない場合は［その他の関数］をクリックし、文字列操作関数から選択します。

❺ 次のように引数を入力します。

- 検索文字列 ⇨ 2016（探したい文字）
- 対象 ⇨ A2（データが入力されているセル）
- 開始位置 ⇨ 未入力（省略します）

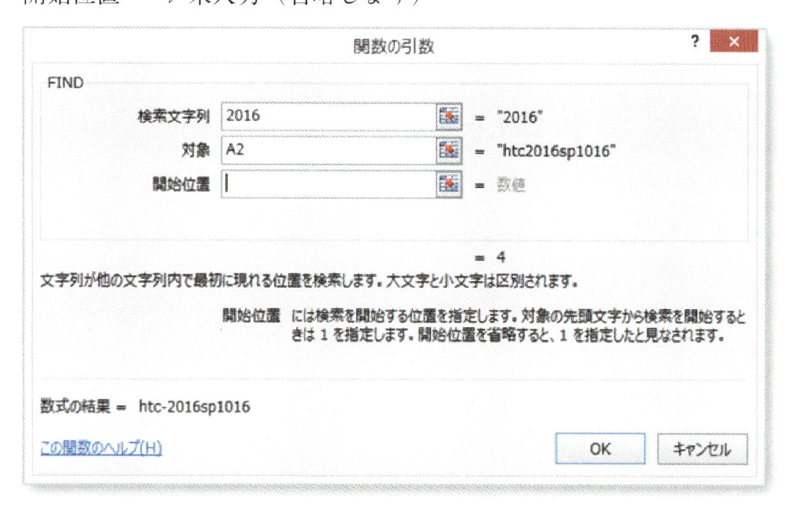

❻ 数式バーの「REPLACE」をクリックして、引数画面を REPLACE 関数に戻します。

❼ 残りの引数を入力します。

- 文字数 ⇨ 未入力（削除する文字はないので空白のままに）
- 置換文字列 ⇨ ” －”（" は省略可能）

❽ [OK] ボタンをクリックし、数式をコピーします（フィルハンドルをダブルクリック)。

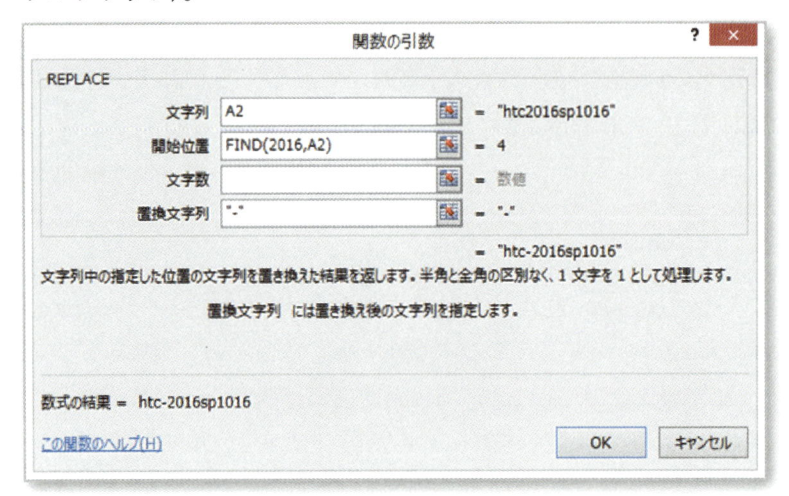

Section 11

列を削除したら数式がエラーになった……

元データの列と関数で整えた列、同じデータの列が2列になってしまった場合、数式に使われている列をうっかり削除すると、せっかく関数で整えた列がエラーになります。参照先のセルがなくなってしまうためです。

fx アクア

C	D	E	F
販売形態	部門	商品名	商品名
自販機	清涼飲料	アクア	アクア
自販機	清涼飲料	アクア	アクア
自販機	清涼飲料	スポーツドリンク赤	スポーツドリンク赤
自販機	清涼飲料	スポーツドリンク赤	スポーツドリンク赤
店内販売用	コーヒー	深煎り漆黒コーヒー	深煎り　漆黒コーヒー
自販機	清涼飲料	スポーツドリンク赤	スポーツドリンク赤
自販機	清涼飲料	スポーツドリンク赤	スポーツドリンク赤
自販機	清涼飲料	スポーツドリンク赤	スポーツドリンク赤

これを削除すると

fx =IF(#REF!="深煎り漆黒コーヒー",REPLACE(#REF!,4,," "),#REF!)

C	D	E	F
販売形態	部門	商品名	個数
自販機	清涼飲料	#REF!	72
自販機	清涼飲料	#REF!	48
自販機	清涼飲料	#REF!	120
自販機	清涼飲料	#REF!	48
店内販売用	コーヒー	#REF!	96
自販機	清涼飲料	#REF!	96
自販機	清涼飲料	#REF!	24
自販機	清涼飲料	#REF!	24

エラーになる

こんなとき、列を非表示にして隠してしまう方がいますが、不要な列が多くなるとデータファイルが重くなるので、必要ない列は残さないほうがいいですね。

不要な列は削除できるように、数式の入った列から数式を抜きとり、結果のみを表示するようにしておきましょう。

❶ 数式を抜きたい列（ここではF列）を選択して、Ctrl ＋ C でコピーします。

❷ ［ホーム］タブ ⇨［クリップボード］グループ ⇨［書式のコピー / 貼り付け］⇨［値の貼り付け］から［値］をクリックします。

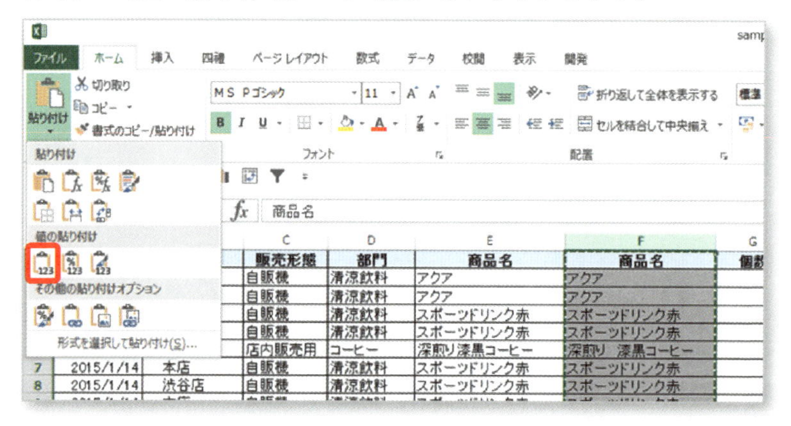

❸ F列のセルから数式がなくなり、結果のみが表示されます。

❹ E列を列選択し、Ctrl ＋ － （マイナス）で列を削除します。

値貼り付けは、数式を削除するときなどによく使います。ショートカットキー ALT ⇨ H ⇨ V ⇨ V で覚えてしまいましょう。

Section 12

商品名にある「ー」をまとめて削除したい！

大量のデータから1つずつ文字を削除していたのでは、いくら時間があっても不毛な作業ですね。すべての「－」を取り除くのなら、「置換」を使うと便利ですよ。

「置換」は文字を置き換える機能ですが、置き換える文字を空白にすることで、削除することができます。

1. 商品名の列を選択します。
2. Ctrl ＋ H で［置換］画面を表示します。
3. 削除したい文字「ー」（半角）を入力します。
4. 置換後の文字列は未入力のままにしておきます。
5. ［すべて置換］をクリックすると、すべての「ー」が削除されます。

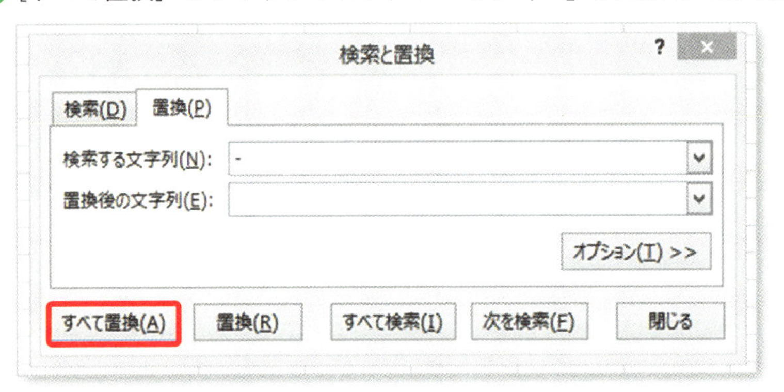

1つのセルに同じ文字があるとき、1つだけ置換することはできるの？

そうなんですよね。置換だと、すべてまとめて置き換わっちゃうから、「1つだけ」ができないんです。

でも、文字列操作関数のSUBSTITUTE関数を使えば、指定した「−」のみを削除できます。セルの中に同じ文字が複数あり、その1つのみを置換したい場合に便利ですよ。

❶ 答えを表示したいセル（ここではB2）を選択します。

❷［数式］タブ ⇨［関数ライブラリ］グループの［文字列操作］から「SUBSTITUTE」関数を起動します。

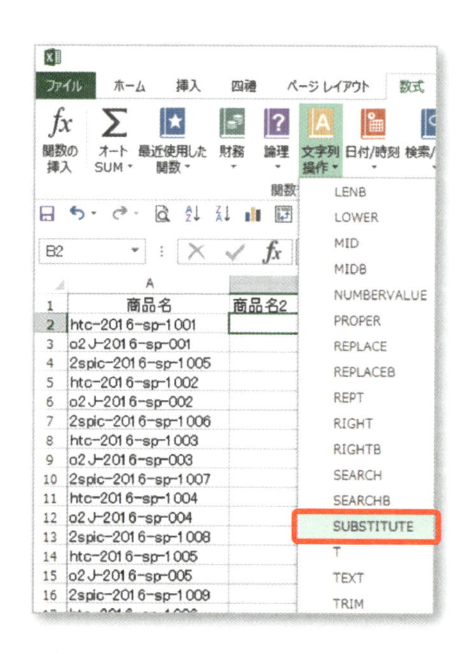

❸ 次のように引数を入力します。

- 文字列 ⇨ A2（データが入力されているセル）
- 検索文字列 ⇨ "-"（置換したい文字）
- 置換文字列 ⇨ 未入力（代わりに挿入したい文字列はないので、何も入力しない）
- 置換対象 ⇨ 2（2つ目の「-」を削除したいため）

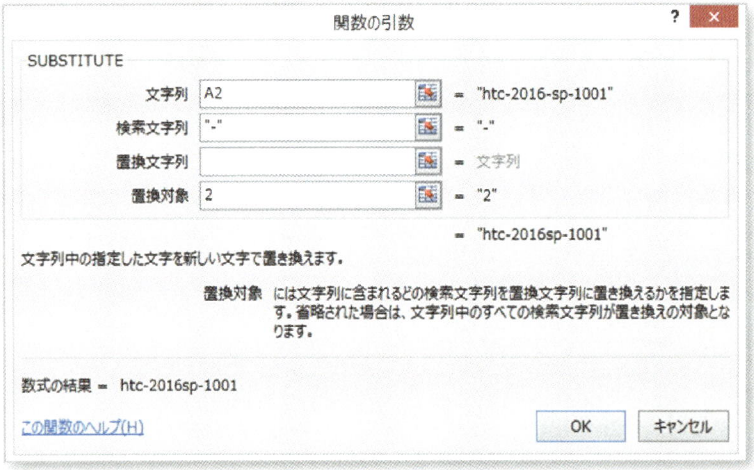

関数の引数

SUBSTITUTE

文字列	A2	= "htc-2016-sp-1001"
検索文字列	"-"	= "-"
置換文字列		= 文字列
置換対象	2	= "2"

= "htc-2016sp-1001"

文字列中の指定した文字を新しい文字で置き換えます。

置換対象 には文字列に含まれるどの検索文字列を置換文字列に置き換えるかを指定します。省略された場合は、文字列中のすべての検索文字列が置き換えの対象となります。

数式の結果 = htc-2016sp-1001

この関数のヘルプ(H)

OK キャンセル

❹ [OK] ボタンをクリックして、数式をコピーします（フィルハンドルをダブルクリック）。

これで、セルに含まれる3つの「－」の2つ目のみが削除されます。

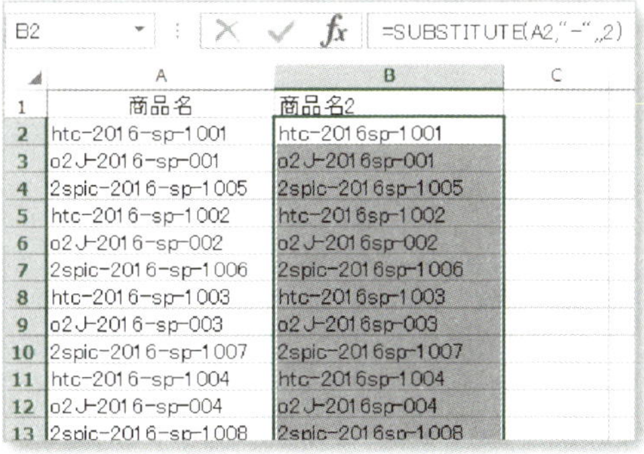

B2 =SUBSTITUTE(A2,"-",,2)

	A	B	C
1	商品名	商品名2	
2	htc-2016-sp-1001	htc-2016sp-1001	
3	o2J-2016-sp-001	o2J-2016sp-001	
4	2spic-2016-sp-1005	2spic-2016sp-1005	
5	htc-2016-sp-1002	htc-2016sp-1002	
6	o2J-2016-sp-002	o2J-2016sp-002	
7	2spic-2016-sp-1006	2spic-2016sp-1006	
8	htc-2016-sp-1003	htc-2016sp-1003	
9	o2J-2016-sp-003	o2J-2016sp-003	
10	2spic-2016-sp-1007	2spic-2016sp-1007	
11	htc-2016-sp-1004	htc-2016sp-1004	
12	o2J-2016-sp-004	o2J-2016sp-004	
13	2spic-2016-sp-1008	2spic-2016sp-1008	

Section 14

フォーマットの決められたセルに文章を入力するとき、1行1行文字数を計って改行するのが大変！

行に罫線が設定してある入力用フォーマットを見かけます。Wordでも Excelでも、1つのセルに続けて文章が入力できないので、使いにくい表です。あとから文章を修正すると、すべての行の字送りが狂ってしまいます。表を印刷して中身は手書きするならわかるけど、データ入力用としては使えないフォーマットです。

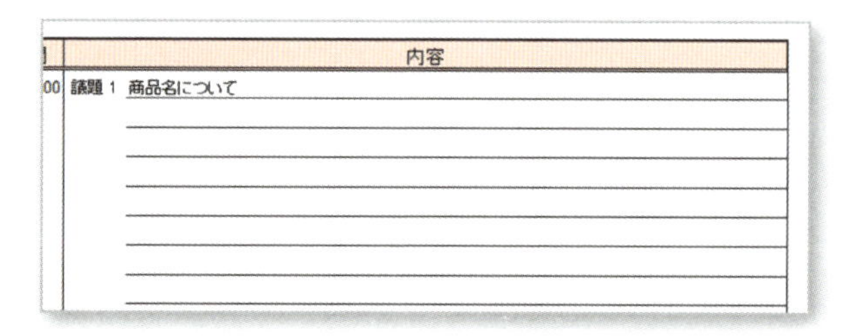

このようなフォーマットに入力を行う場合は、入力用セルを用意し、自動的に文字が各セルに分配されるようにしておくと便利です。

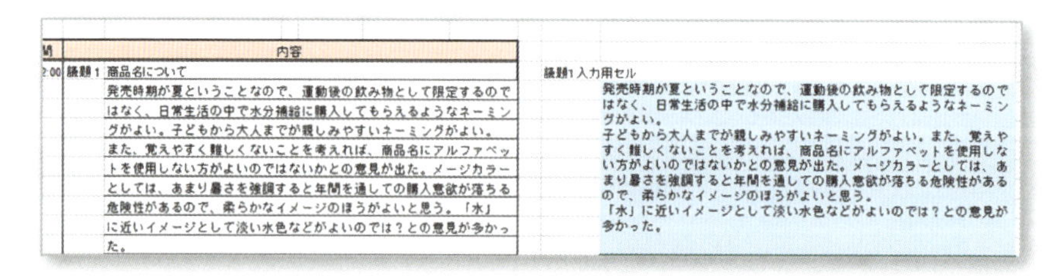

LEFT関数とMID関数を使って、行に文字を自動的に表示しましょう。

- LEFT関数（文字列操作関数）
  ⇨ セルの左1文字目から、指定した文字数を取り出します。

- MID関数（文字列操作関数）
  ⇨「セルの左から何文字目」と指定した位置から、指定した文字数を取り出します。

たとえば、印刷用フォーマットの［内容］に、1行31文字を自動表示する場合、次のように数式を組み立てることとなります。

- 1行目 ⇨ 入力用セルに入力されたテキストの先頭から31文字を自動表示する
- 2行目 ⇨ 入力用セルに入力されたテキストの32文字目から31文字分を自動表示する
- 3行目 ⇨ 入力用セルに入力されたテキストの63文字目から31文字分を自動表示する

⋮

まずはLEFT関数から見ていきましょう。

❶ 文章の先頭から表示したいセルを選択します。

❷ =LEFT(L12,31) と入力します。

以下のように、入力用に用意したセルのセル番地と、表の列幅に合わせた表示可能な文字数を引数にします。

=LEFT（入力用セル,取り出す文字数）

❸ Enter で確定すると、入力用セルの先頭から 31 文字が表示されます。

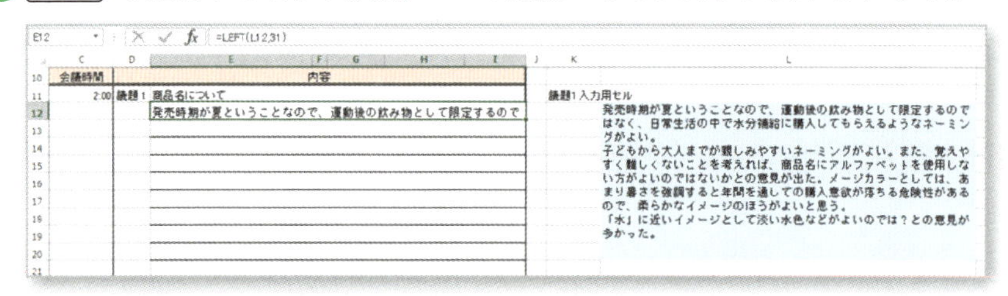

続いて、MID 関数です。

❶ 文章を表示したい 2 行目のセルを選択します。
❷ =MID($L$12,32,31）と入力します。

以下のように、入力用セル、取り出す文字位置、取り出す文字数を引数にします。

=MID（入力用セル,取り出す文字位置,取り出す文字数）

このとき、入力用セルは絶対参照にしておいてください。

❸ [Enter] で確定すると、32 文字目から 62 文字までが表示されます。

❹ 数式をコピーして、3 行目以降の数式を以下のように修正します。

=MID($L$12,63,31)

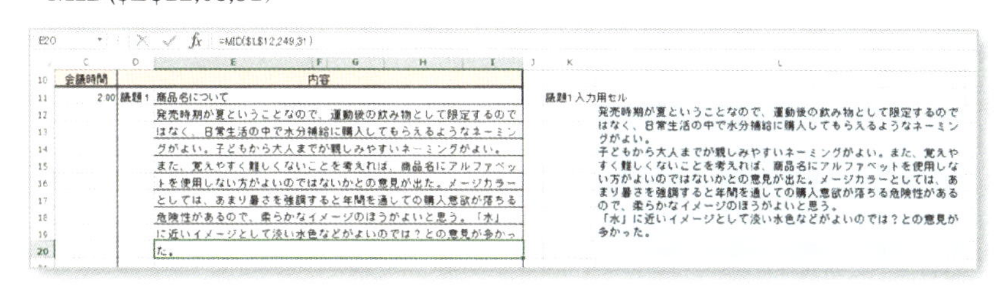

LEFT 関数と MID 関数は、文字列操作関数の一覧にあります。[数式] タブから関数を起動して引数を入力しても OK です。

印刷範囲の指定

フォーマットの表を印刷範囲に指定しておけば、入力用セルは印刷されません。

1 印刷したい範囲を選択します。
2 ［ページレイアウト］タブ ⇨ ［ページ設定］グループ ⇨ ［印刷範囲］から［印刷範囲の設定］をクリックします。

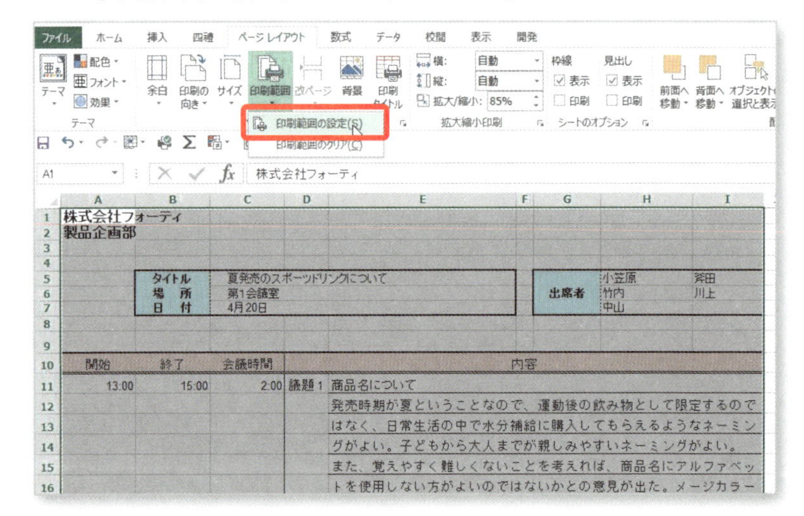

第4章

印刷の
ストレスをなくす

「Excelのデータを印刷するとき、うまくいかなくて困る……」

そんな声は多いです。Excelの機能を知り、活用することで、意外なぐらい問題を解決できますよ。

Section 01

複数ページになる表のタイトルを すべてのページに印刷したい！

データが多い表を印刷するとき、改ページをして、すべてのページの1行目にタイトル行を挿入している方を見かけます。できないことはないけど、リストの表としては使えなくなってしまいますね。

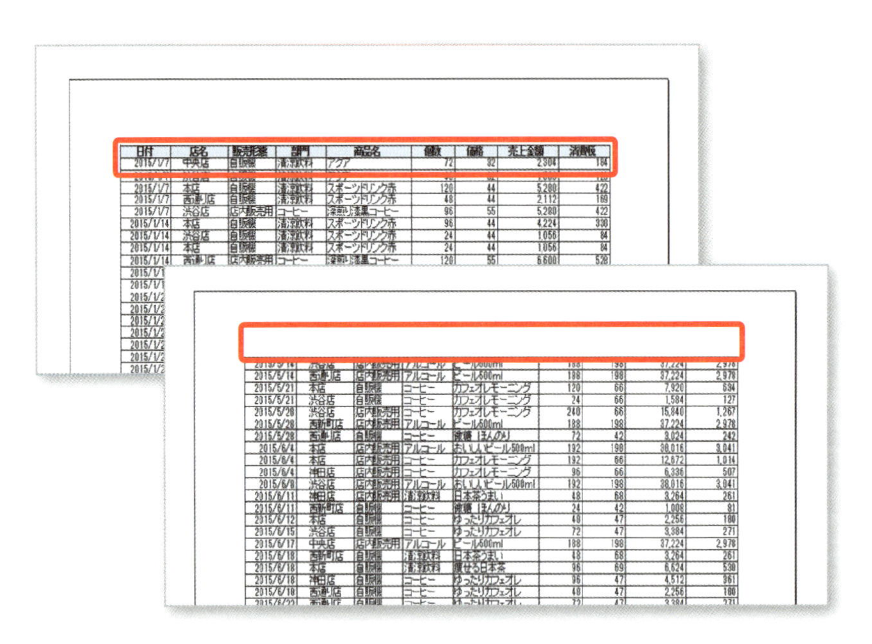

日付	店名	販売形態	部門	商品名	個数	価格	売上金額	消費税
2015/1/7	中央店	自販機	清涼飲料	アクア	72	32	2,304	184
2015/1/7	本店	自販機	清涼飲料	スポーツドリンク赤	120	44	5,280	422
2015/1/7	西通り店	自販機	清涼飲料	スポーツドリンク赤	48	44	2,112	169
2015/1/7	渋谷店	店内販売用	コーヒー	深煎り漆黒コーヒー	96	55	5,280	422
2015/1/14	本店	自販機	清涼飲料	スポーツドリンク赤	96	44	4,224	338
2015/1/14	渋谷店	自販機	清涼飲料	スポーツドリンク赤	24	44	1,056	84
2015/1/14	本店	自販機	清涼飲料	スポーツドリンク赤	24	44	1,056	84
2015/1/14	西通り店	店内販売用	コーヒー	深煎り漆黒コーヒー	120	55	6,600	528

2015/5/14	西通り店	店内販売用	アルコール	ビール500ml	188	198	37,224	2,978
2015/5/21	本店	自販機	コーヒー	カフェオレモーニング	120	66	7,920	634
2015/5/21	渋谷店	自販機	コーヒー	カフェオレモーニング	24	66	1,584	127
2015/5/28	渋谷店	店内販売用	コーヒー	カフェオレモーニング	240	66	15,840	1,267
2015/5/28	西新町店	店内販売用	アルコール	ビール500ml	188	198	37,224	2,978
2015/5/28	西通り店	自販機	コーヒー	微糖 ほんのり	72	42	3,024	242
2015/6/4	本店	店内販売用	アルコール	おいしいビール500ml	192	198	38,016	3,041
2015/6/4	本店	店内販売用	コーヒー	カフェオレモーニング	192	66	12,672	1,014
2015/6/4	神田店	店内販売用	コーヒー	カフェオレモーニング	96	66	6,336	507
2015/6/8	渋谷店	店内販売用	アルコール	おいしいビール500ml	192	198	38,016	3,041
2015/6/11	神田店	店内販売用	清涼飲料	日本茶うまい	48	68	3,264	261
2015/6/11	西新町店	自販機	コーヒー	微糖 ほんのり	24	42	1,008	81
2015/6/12	本店	自販機	コーヒー	ゆったりカフェオレ	48	47	2,256	180
2015/6/15	渋谷店	自販機	コーヒー	ゆったりカフェオレ	72	47	3,384	271
2015/6/17	中央店	店内販売用	アルコール	ビール500ml	188	198	37,224	2,978
2015/6/18	西新町店	自販機	清涼飲料	日本茶うまい	48	68	3,264	261
2015/6/18	本店	自販機	清涼飲料	痩せる日本茶	96	69	6,624	530
2015/6/18	神田店	自販機	コーヒー	ゆったりカフェオレ	96	47	4,512	361
2015/6/18	西通り店	自販機	コーヒー	ゆったりカフェオレ	48	47	2,256	180

複数ページになるリストの表などを印刷するときに、2ページ目以降にも自動でタイトル行を印刷できるように設定しましょう。

❶［ページレイアウト］タブ ⇨［ページ設定］グループから［印刷タイトル］をクリックします。

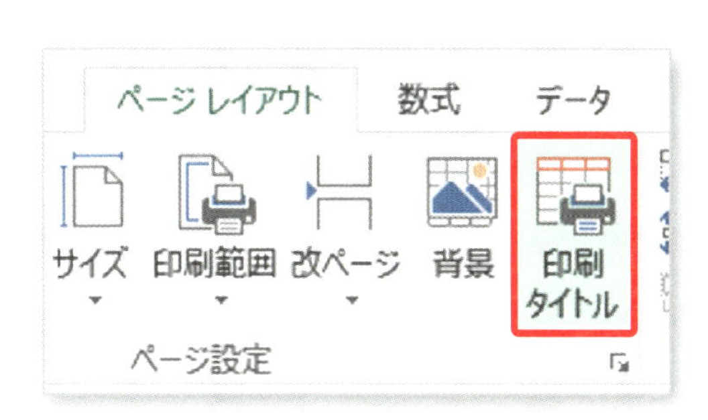

❷［ページ設定］画面の［シート］タブが開いて表示されます。
❸［印刷タイトル］の［タイトル行］をクリックして、カーソルを表示します。
❹ 印刷したい行ナンバーを選択します（1行でも複数行でも可）。
❺［タイトル行］に絶対参照で行ナンバーが表示されるので、［OK］ボタンをクリックします。

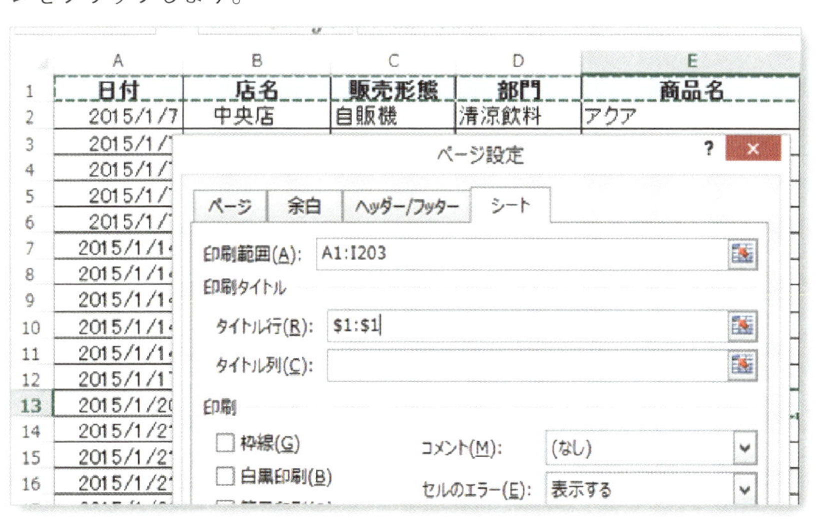

❻ すべてのページにタイトル行が印刷されます。

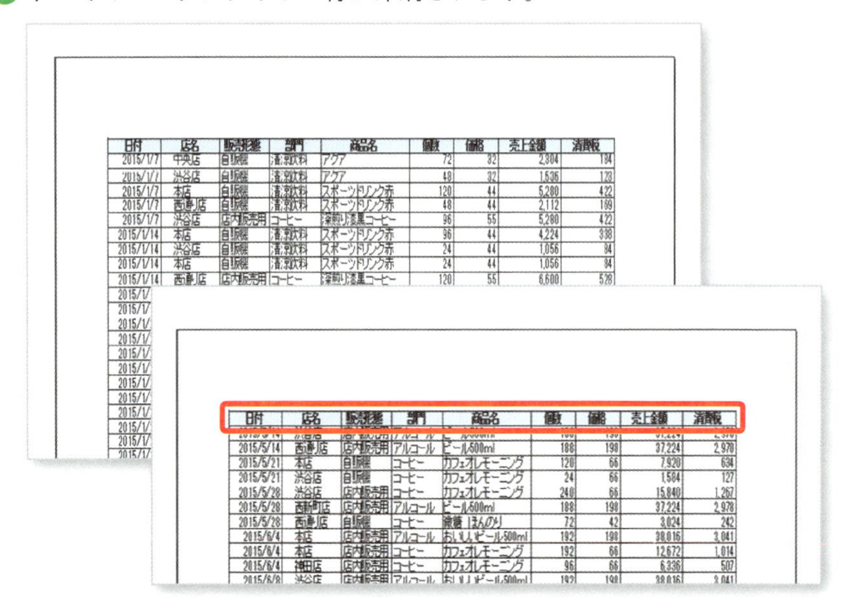

日付	店名	販売形態	部門	商品名	個数	価格	売上金額	消費税
2015/1/7	中央店	自販機	清涼飲料	アクア	72	32	2,304	184
2015/1/7	渋谷店	自販機	清涼飲料	アクア	48	32	1,536	123
2015/1/7	本店	自販機	清涼飲料	スポーツドリンク赤	120	44	5,280	422
2015/1/7	西新町店	自販機	清涼飲料	スポーツドリンク赤	48	44	2,112	169
2015/1/7	渋谷店	店内販売用	コーヒー	深煎り漆黒コーヒー	96	55	5,280	422
2015/1/14	本店	自販機	清涼飲料	スポーツドリンク赤	96	44	4,224	338
2015/1/14	渋谷店	自販機	清涼飲料	スポーツドリンク赤	24	44	1,056	84
2015/1/14	本店	自販機	清涼飲料	スポーツドリンク赤	24	44	1,056	84
2015/1/14	西新町店	店内販売用	コーヒー	深煎り漆黒コーヒー	120	55	6,600	528

日付	店名	販売形態	部門	商品名	個数	価格	売上金額	消費税
2015/5/14	西新町店	店内販売用	アルコール	ビール500ml	188	198	37,224	2,978
2015/5/21	本店	自販機	コーヒー	カフェオレモーニング	120	66	7,920	634
2015/5/21	渋谷店	自販機	コーヒー	カフェオレモーニング	24	66	1,584	127
2015/5/28	渋谷店	店内販売用	コーヒー	カフェオレモーニング	240	66	15,840	1,267
2015/5/28	西新町店	店内販売用	アルコール	ビール500ml	188	198	37,224	2,978
2015/5/28	西新町店	自販機	コーヒー	微糖 ほんのり	72	42	3,024	242
2015/6/4	本店	店内販売用	アルコール	おいしいビール500ml	192	198	38,016	3,041
2015/6/4	本店	店内販売用	コーヒー	カフェオレモーニング	192	66	12,672	1,014
2015/6/4	神田店	店内販売用	コーヒー	カフェオレモーニング	96	66	6,336	507
2015/6/8	渋谷店	店内販売用	アルコール	おいしいビール500ml	192	198	38,016	3,041

横に長い表の場合は、タイトル列に列ナンバーを指定してください。

Section 02

罫線のない表の一部を印刷するとき、罫線を設定したり削除したりと手間がかかる。どうにかしたい！

大量のデータが入力された作業用の表の場合は、データを追加するたびに罫線を引きなおすのは手間がかかるので、罫線を設定しないまま使うことも多いと思います。でも、急に印刷が必要になったり、選択した一部分のみを印刷したいときなど、罫線を設定したり解除したりと面倒ですね。

印刷時のみ、自動で簡易罫線を印刷するように設定しておくと便利ですよ。

⬇罫線が設定されていない表を印刷した場合

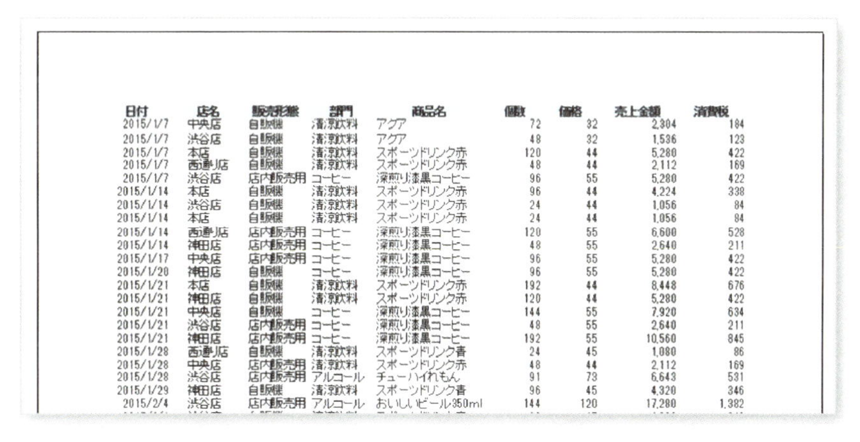

日付	店名	販売形態	部門	商品名	個数	価格	売上金額	消費税
2015/1/7	中央店	自販機	清涼飲料	アクア	72	32	2,304	184
2015/1/7	渋谷店	自販機	清涼飲料	アクア	48	32	1,536	123
2015/1/7	本店	自販機	清涼飲料	スポーツドリンク赤	120	44	5,280	422
2015/1/7	西通り店	自販機	清涼飲料	スポーツドリンク赤	48	44	2,112	169
2015/1/7	渋谷店	店内販売用	コーヒー	深煎り漆黒コーヒー	96	55	5,280	422
2015/1/14	本店	自販機	清涼飲料	スポーツドリンク赤	96	44	4,224	338
2015/1/14	渋谷店	自販機	清涼飲料	スポーツドリンク赤	24	44	1,056	84
2015/1/14	本店	自販機	清涼飲料	スポーツドリンク赤	24	44	1,056	84
2015/1/14	西通り店	店内販売用	コーヒー	深煎り漆黒コーヒー	120	55	6,600	528
2015/1/14	神田店	店内販売用	コーヒー	深煎り漆黒コーヒー	48	55	2,640	211
2015/1/17	中央店	店内販売用	コーヒー	深煎り漆黒コーヒー	96	55	5,280	422
2015/1/20	神田店	自販機	コーヒー	深煎り漆黒コーヒー	96	55	5,280	422
2015/1/21	本店	自販機	清涼飲料	スポーツドリンク赤	192	44	8,448	676
2015/1/21	神田店	自販機	清涼飲料	スポーツドリンク赤	120	44	5,280	422
2015/1/21	中央店	自販機	コーヒー	深煎り漆黒コーヒー	144	55	7,920	634
2015/1/21	渋谷店	店内販売用	コーヒー	深煎り漆黒コーヒー	48	55	2,640	211
2015/1/21	神田店	店内販売用	コーヒー	深煎り漆黒コーヒー	192	55	10,560	845
2015/1/28	西通り店	自販機	清涼飲料	スポーツドリンク青	24	45	1,080	86
2015/1/28	中央店	店内販売用	清涼飲料	スポーツドリンク赤	48	44	2,112	169
2015/1/28	渋谷店	店内販売用	アルコール	チューハイれもん	91	73	6,643	531
2015/1/29	神田店	自販機	清涼飲料	スポーツドリンク青	96	45	4,320	346
2015/2/4	渋谷店	店内販売用	アルコール	おいしいビール350ml	144	120	17,280	1,382

⊕罫線が設定されていない表を、印刷時のみ罫線を自動で印刷した場合

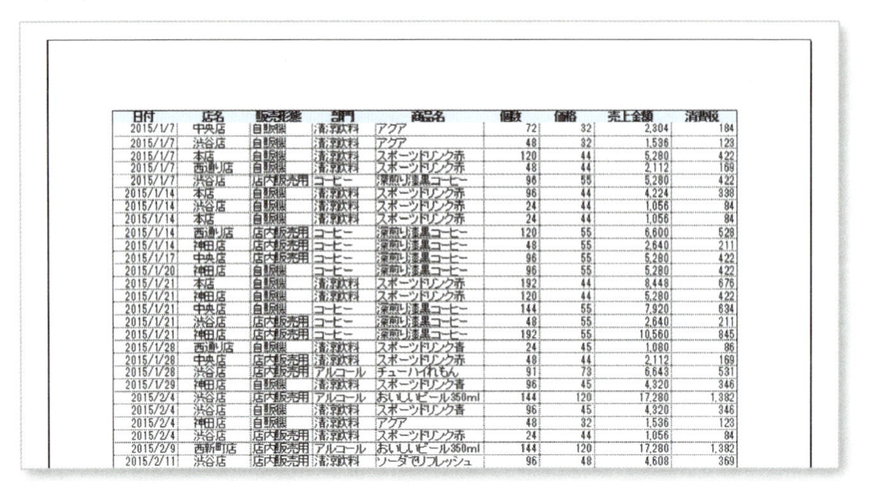

日付	店名	販売形態	部門	商品名	個数	価格	売上金額	消費税
2015/1/7	中央店	自販機	清涼飲料	アクア	72	32	2,304	184
2015/1/7	渋谷店	自販機	清涼飲料	アクア	48	32	1,536	123
2015/1/7	本店	自販機	清涼飲料	スポーツドリンク赤	120	44	5,280	422
2015/1/7	西通り店	自販機	清涼飲料	スポーツドリンク赤	48	44	2,112	169
2015/1/7	渋谷店	店内販売用	コーヒー	深煎り漆黒コーヒー	96	55	5,280	422
2015/1/14	本店	自販機	清涼飲料	スポーツドリンク赤	96	44	4,224	338
2015/1/14	渋谷店	自販機	清涼飲料	スポーツドリンク赤	24	44	1,056	84
2015/1/14	本店	自販機	清涼飲料	スポーツドリンク赤	24	44	1,056	84
2015/1/14	西通り店	店内販売用	コーヒー	深煎り漆黒コーヒー	120	55	6,600	528
2015/1/14	神田店	店内販売用	コーヒー	深煎り漆黒コーヒー	48	55	2,640	211
2015/1/17	中央店	店内販売用	コーヒー	深煎り漆黒コーヒー	96	55	5,280	422
2015/1/20	神田店	自販機	コーヒー	深煎り漆黒コーヒー	96	55	5,280	422
2015/1/21	本店	自販機	清涼飲料	スポーツドリンク赤	192	44	8,448	676
2015/1/21	神田店	自販機	清涼飲料	スポーツドリンク赤	120	44	5,280	422
2015/1/21	中央店	自販機	コーヒー	深煎り漆黒コーヒー	144	55	7,920	634
2015/1/21	渋谷店	店内販売用	コーヒー	深煎り漆黒コーヒー	48	55	2,640	211
2015/1/21	神田店	店内販売用	コーヒー	深煎り漆黒コーヒー	192	55	10,560	845
2015/1/28	西通り店	自販機	清涼飲料	スポーツドリンク青	24	45	1,080	86
2015/1/28	中央店	店内販売用	清涼飲料	スポーツドリンク赤	48	44	2,112	169
2015/1/28	渋谷店	店内販売用	アルコール	チューハイれもん	91	73	6,643	531
2015/1/29	神田店	自販機	清涼飲料	スポーツドリンク青	96	45	4,320	346
2015/2/4	渋谷店	店内販売用	アルコール	おいしいビール350ml	144	120	17,280	1,382
2015/2/4	渋谷店	自販機	清涼飲料	スポーツドリンク青	96	45	4,320	346
2015/2/4	神田店	自販機	清涼飲料	アクア	48	32	1,536	123
2015/2/4	渋谷店	店内販売用	清涼飲料	スポーツドリンク赤	24	44	1,056	84
2015/2/9	西新町店	店内販売用	アルコール	おいしいビール350ml	144	120	17,280	1,382
2015/2/11	渋谷店	店内販売用	清涼飲料	ソーダでリフレッシュ	96	48	4,608	369

❶［ページレイアウト］タブ⇨［シートのオプション］グループの［枠線］の［印刷］にチェックを入れます。

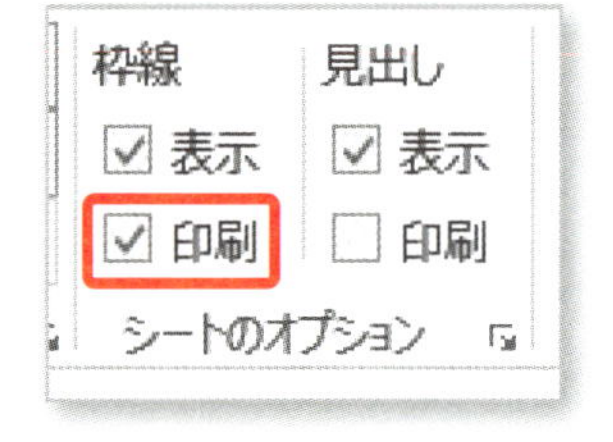

❷ワークシート上では罫線はありませんが、印刷時のみ罫線が印刷されます。

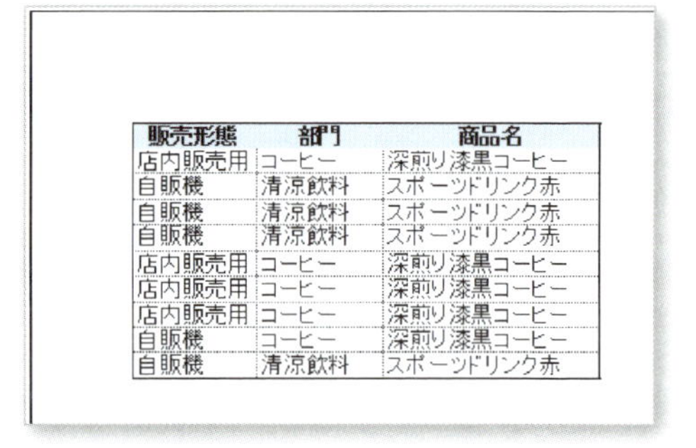

販売形態	部門	商品名
店内販売用	コーヒー	深煎り漆黒コーヒー
自販機	清涼飲料	スポーツドリンク赤
自販機	清涼飲料	スポーツドリンク赤
自販機	清涼飲料	スポーツドリンク赤
店内販売用	コーヒー	深煎り漆黒コーヒー
店内販売用	コーヒー	深煎り漆黒コーヒー
店内販売用	コーヒー	深煎り漆黒コーヒー
自販機	コーヒー	深煎り漆黒コーヒー
自販機	清涼飲料	スポーツドリンク赤

選択部分のみ印刷するときも、罫線が印刷されます。

Section 03

罫線が設定されている表の場合、追加したデータの罫線を設定しなおさなくてすむと助かるんだけど……

データを追加するたびに罫線を設定したり、書式のコピーを使ったりしなければならないと、ストレスの原因ですよね。これ、毎回だとホントにイラつきます。こういったちょっとした作業が積み重なると、けっこうな時間をムダに使うことになります。

データを入力すると自動で罫線も設定されるように、「条件付き書式」を設定しておきましょう。

条件付き書式が設定されていない表

200	2015/12/24	中央店	自販機	コーヒー	ミルクコーヒー	72	48	3,456	276
201	2015/12/24	神田店	自販機	コーヒー	ミルクコーヒー	48	48	2,304	184
202	2015/12/31	渋谷店	自販機	アルコール	おいしいビール500ml	192	120	23,040	1,843
203	2015/12/31	中央店	自販機	アルコール	ビール350ml	121	120	14,520	1,162
204	2015/12/31	神田店	自販機	アルコール	ビール500ml	192	98	18816	1505
205	2015/12/21	渋谷店	自販機	アルコール	ビール500ml	192	50	9600	768
206									
207									

条件付き書式が設定済みの表

201	2015/12/24	神田店	自販機	コーヒー	ミルクコーヒー	48	48	2,304	184
202	2015/12/31	渋谷店	自販機	アルコール	おいしいビール500ml	192	120	23,040	1,843
203	2015/12/31	中央店	自販機	アルコール	ビール350ml	121	120	14,520	1,162
204	2015/12/31	神田店	自販機	アルコール	ビール500ml	192	98	18816	1505
205	2015/12/21	渋谷店	自販機	アルコール	ビール500ml	192	50	9600	768
206	2015/12/31	渋谷	自販機						
207	2015/12/31								
208									

1. A列から表の最終列までを列選択します。

❷［ホーム］タブ ⇨［スタイル］グループ ⇨［条件付き書式］から［新しいルール］をクリックします。

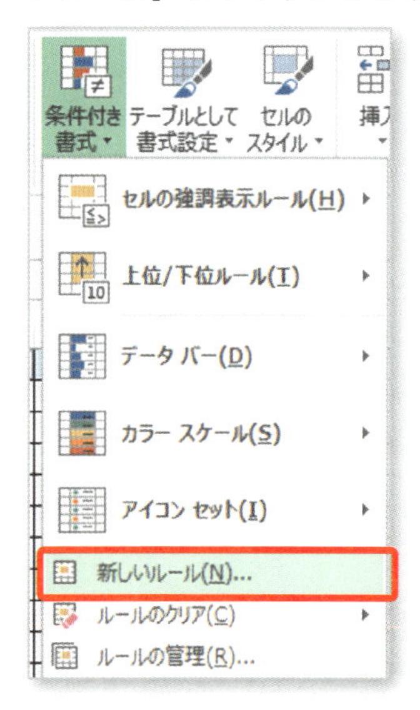

❸「数式を使用して書式設定するセルを決定」をクリックします。

❹［次の数式を満たす場合に値を書式設定］に次のように入力します。

=$A1<>""

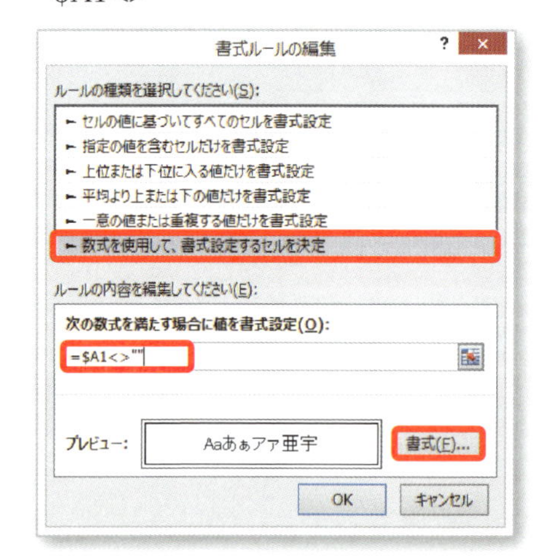

条件付き書式は、指定したセル番地が相対参照になり、選択した範囲すべてのセルの条件をチェックすることになります。ここではA列を絶対参照にすることで、A列にデータが入力されるとすべての列に条件が反映されることとなります。

「＜ ＞」は数値を、「" "」は文字列を表します。そのため、「A列のセルにデータがあるならば」という条件となります。

❺［書式］ボタンをクリックします。

❻［罫線］タブから［外枠］を選択して、［OK］ボタンをクリックします。

❼ルールの内容を入力したら、［OK］ボタンをクリックします。

❽A列にデータがある行に自動的に罫線が設定されます。

表の一部の列を印刷から省きたいけど、シートをコピーして列を削除した表を印刷用に作成するしかないの？

苦心しているのがわかります。ムダなワークシートを増やさないようにしましょう。それに、ムダな手間もね。

表の中で印刷したくない列がある場合は、列を「非表示」にしてから印刷しましょう。行も、同じ方法で非表示にできます。

1. 印刷から省きたい列を列選択します。
2. 選択した列を右クリックし、メニューから［非表示］をクリックします。

	A	B	C	D
1	会員No.	名前	ふりがな	郵便番号
2	1001	平山 豊	ひらやま ゆたか	141－0032
3	1002	中村 愛菜	なかむら あいな	120－0011
4	1003	黒木 はるか	くろき はるか	141－0032
5	1004	片桐 進	かたぎり すすむ	141－0033
6	1005	町田 啓介	まちだ けいすけ	120－0011
7	1006	岡 恵子	おか けいこ	120－0031
8	1007	小松 倫子	こまつ のりこ	111－0032
9	1008	水口 貴嶺	みずぐち たかね	111－0033
10	1009	藤本 惇	ふじもと あつし	111－0033
11	1010	玉山 花緑	たまやま かろく	140－0011
12	1011	田淵 美佳	たぶち みか	110－0001
13	1012	千田 はるか	せんだ はるか	110－0002
14	1013	百瀬 晋也	ももせ しんや	140－0011
15	1014	守屋 長利	もりや ながとし	150－0033
16	1015	堀北 徹	ほりきた とおる	111－0023
17	1016	上野 薫	うえの かおる	111－0033

- 切り取り(T)
- コピー(C)
- 貼り付けのオプション:
- 形式を選択して貼り付け(S)...
- 挿入(I)
- 削除(D)
- 数式と値のクリア(N)
- セルの書式設定(F)...
- 列の幅(C)...
- 非表示(H)
- 再表示(U)

❸ 選択していた列が非表示になり、印刷されません。

会員No.	名前	ふりがな	電話番号	メールアドレス	性別	年齢
1001	平山 豊	ひらやま ゆたか	338213854	hirayama_yutaka@example.com	男	28
1002	中村 愛菜	なかむら あいな	338426553	nakamura_aina@example.com	女	37
1003	黒木 はるか	くろき はるか	338639252	kuroki_haruka@example.com	女	22
1004	片桐 進	かたぎり すすむ	338851951	katagiri_susumu@example.com	男	43
1005	町田 啓介	まちだ けいすけ	339064650	machida_keisuke@example.com	男	58
1006	岡 恵子	おか けいこ	339277349	oka_keiko@example.com	女	39
1007	小松 倫子	こまつ のりこ	339490048	komatsu_noriko@example.com	女	28
1008	水口 貴嶺	みずぐち たかね	339702747	mizuguchi_takane@example.com	男	24
1009	藤本 惇	ふじもと あつし	339915446	fujimoto_atsushi@example.com	男	33
1010	玉山 花緑	たまやま かろく	340128145	tamayama_karoku@example.com	男	58
1011	田淵 美佳	たぶち みか	340340844	tabuchi_mika@example.com	女	36
1012	千田 はるか	せんだ はるか	340553543	sennda_haruka@example.com	女	33
1013	百瀬 晋也	ももせ しんや	340766242	momose_shinya@example.com	男	47
1014	守屋 長利	もりや ながとし	340978941	moriya_nagatoshi@example.com	男	59
1015	堀北 徹	ほりきた とおる	341191640	horikita_tohru@example.com	男	27
1016	上野 薫	うえの かおる	341404339	ueno_kaoru@example.com	女	30
1017	平野 ジョージ	ひらの じょーじ	341617038	hirano_george@example.com	男	44
1018	菊池 由宇	きくち ゆう	341829737	kikuchi_yuu@example.com	女	21
1019	菅原 仁	すがわら じん	342042436	sugawara_jin@example.com	男	25

再度表示したい場合は、以下のようにしてください。

❶ 非表示になっている列を選択をします。

❷ 右クリックのメニューから［再表示］をクリックします。

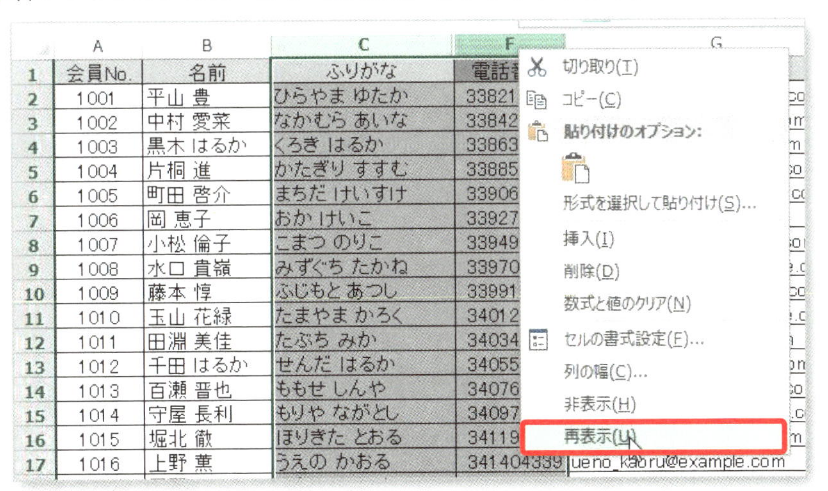

ワークシートを隠すには

列や行だけなく、ワークシートも隠すことができます。作業用のワークシートなどがある場合は、非表示にしておいたほうがすっきりします。

隠したいワークシートがある場合は、シートの見出しを右クリックして、メニューから［非表示］をクリックしてください。

再度表示したい場合は、任意のシートの見出しを右クリックして、メニューから［再表示］をクリックすると表示されます。

第５章

オリジナルの表示形式で使いやすさに差をつける

「表の中身をまちがって変更してしまうのが怖い！」

なんていいながら、使いにくい表をコピーして使いまわすことはありませんか？

入力用の表がきちんと作成されていると、入力する手間も少なくミスも減ります。また、CSV ファイルを Excel で使用するときなど、データを整える手間がかかることがあります。

だれでもかんたんに入力できる表を作成して、ムダな手間と時間をなくすように工夫をしましょう。

日本語を入力したいのに、アルファベットになってイライラ……

「日本語を入力しようとしたら、アルファベットになっちゃった！」
「メールアドレスを入力したいのに、ひらがなが出ちゃった！」

なんてこと、よくありますね。
入力用に作成する台帳などの場合は、セルを選択した時点で入力モードが自動で変更されるように、入力規則を設定しておきましょう。

❶ 入力モードを設定したい列を選択します。
❷ ［データ］タブ ⇨ ［データツール］グループから ［データの入力規則］をクリックします。

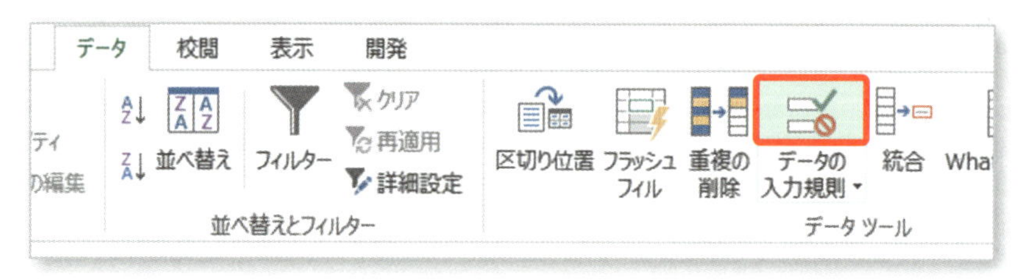

3 [日本語入力] タブをクリックします。

4 [日本語入力] で入力モードを指定します。

- 自動で英数字入力モードにする場合 ⇨ オフ（英語モード）
- 自動でローマ字入力モードにする場合 ⇨ ひらがな

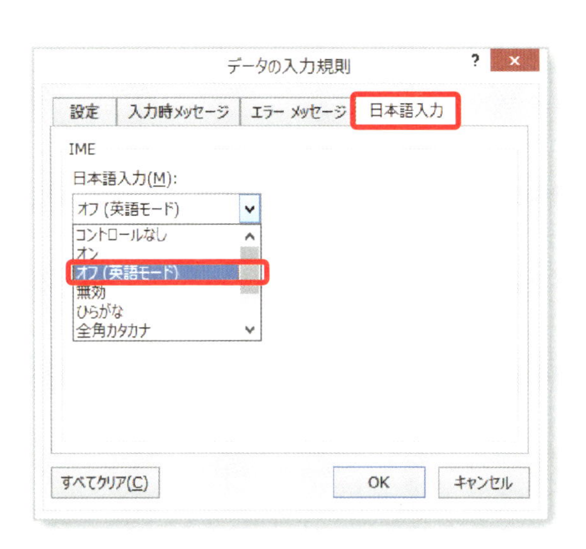

5 [OK] ボタンをクリックします。

Section 02

日付を１日まちがえて入力……集計が合わない！

「あれ？　今日は何日だっけ？」

なんてこと、ありますね。日付の入力時にまちがえて入力してしまうと、集計が狂ってしまいます。

売上台帳に明日の売上を入力することはありえないですよね。日付の列には、明日以降の日付が入力できないように設定しておくことで、ミスを防ぐことができます。

❶ 入力モードを設定したい列を選択します。

❷［データ］タブ ⇨［データツール］グループから「データの入力規則」をクリックします。

❸［設定］タブをクリックします。

❹ [条件の設定] を次のように設定します。

- 入力値の種類 ⇨ 日付
- データ ⇨ 次の値以下
- 次の日付まで ⇨ =TODAY()

※半角英数で手入力、大文字／小文字はどちらでも OK

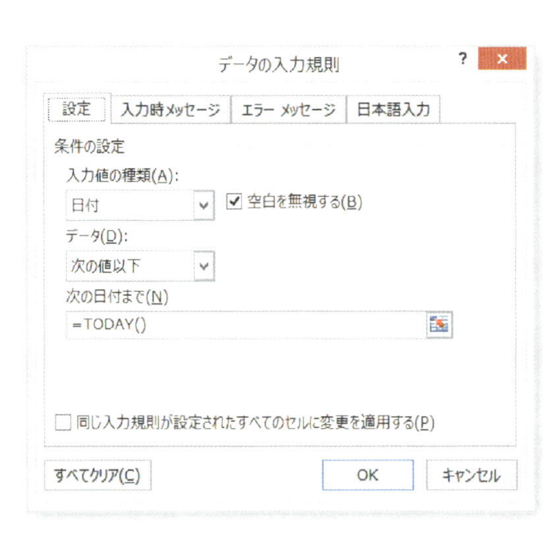

❺ [OK] ボタンをクリックします。

明日以降の日付を入力すると、メッセージが表示され、入力できなくなります。

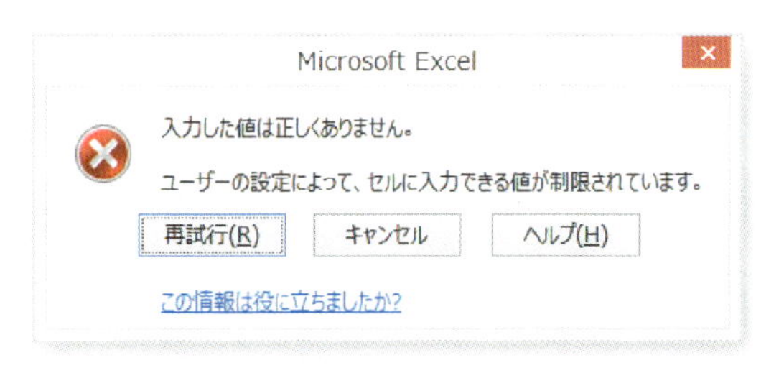

Section 03

入力規則が設定されたセルに表示されるエラーメッセージ、何がエラーなのかわからない……

たしかに、エラーが表示されて入力ができないなら、「どうしてできないのか、理由をはっきり教えてくれよ！」となりますね。

入力規則を設定すると、まちがった入力をしたことを伝えるメッセージが表示されますが、原因までは記載されていません。せっかく入力規則を設定しても、使う人には不親切ですね。

データの入力規則を設定するときは、「入力時メッセージ」「エラーメッセージ」も同時に設定しておきましょう。入力しようとセルを選択したときやミス入力をしたときに、メッセージを表示して注意を促すことができます。

1 入力モードを設定したい列を選択します。

2 ［データ］タブ ⇨ ［データツール］グループから ［データの入力規則］をクリックします。

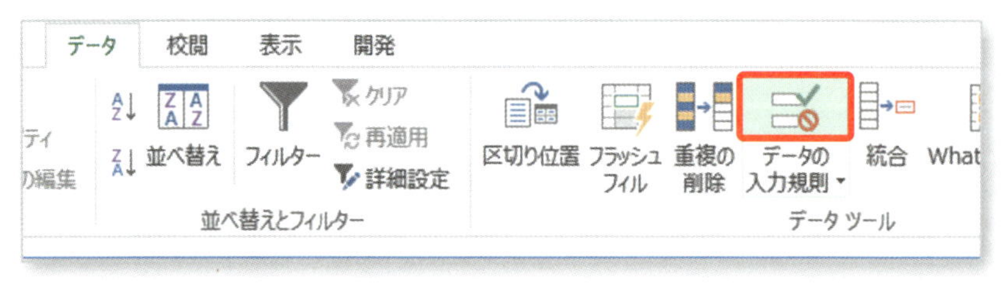

3 [入力時メッセージ] タブをクリックし、タイトルとメッセージを入力します。

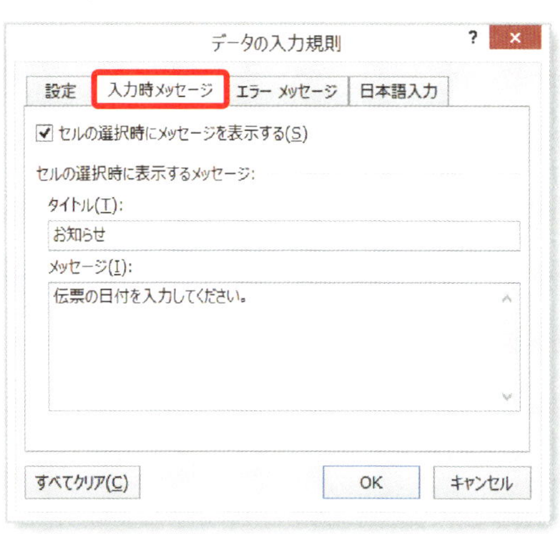

4 [エラーメッセージ] タブをクリックして、[スタイル] から「停止」を選択します。

5 [タイトル] と [エラーメッセージ] に、メッセージを入力します。

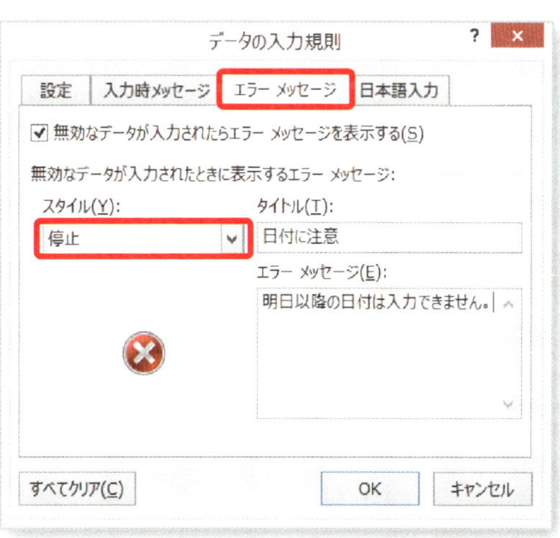

❻［OK］ボタンをクリックます。

これでセルを選択すると、入力時メッセージが表示されます。

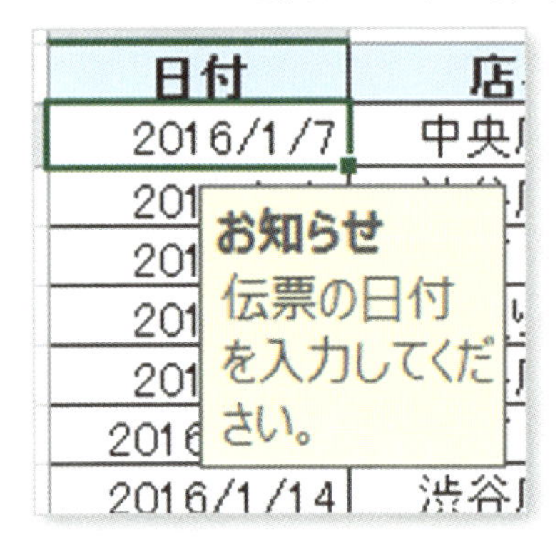

ミス入力をするとエラーメッセージが表示され、入力できなくなります。

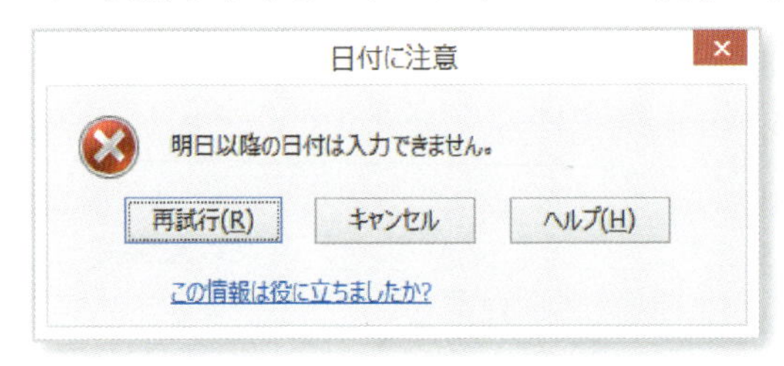

エラーメッセージの秘密

エラーメッセージのスタイルを「注意」「情報」にした場合は、入力が可能となるので注意しましょう。

「情報」の場合：「OK」をクリックすると入力される

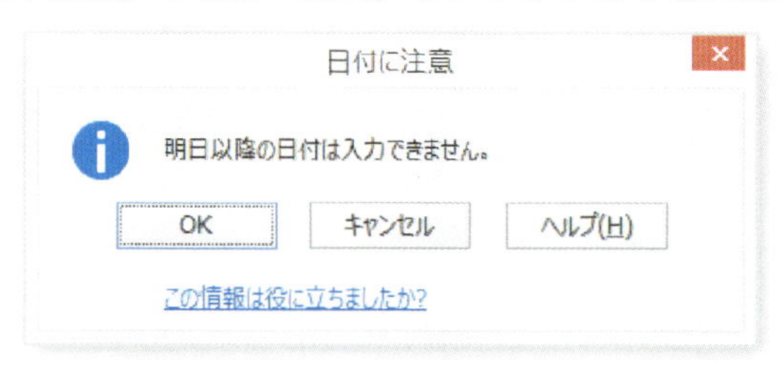

「注意」の場合：「はい」をクリックすると入力される

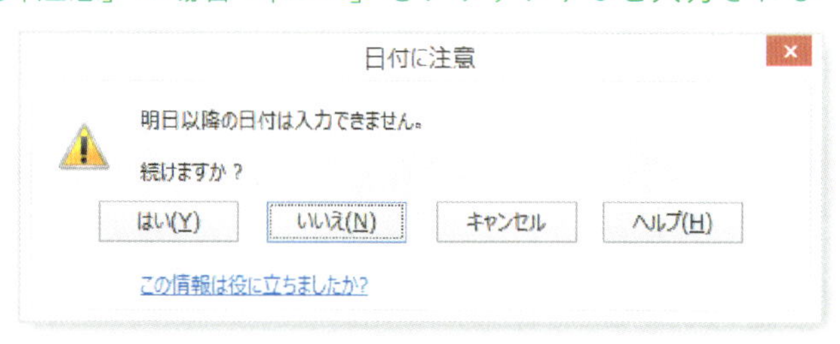

Section 04

担当者や商品名の入力ミスが多くてイラッ！

入力する内容がたくさんある場合は、インターネットショッピングの住所入力のように、一覧から選択して入力できると便利ですね。一覧にないデータは入力できないし、入力ミスもなくなります。

一定のデータを繰り返し入力する列には選択入力できるように、リストの入力規則を設定しましょう。

1. リスト入力を設定したい列を選択します。
2. [データ] タブ ⇨ [データツール] グループから [データの入力規則] をクリックします。

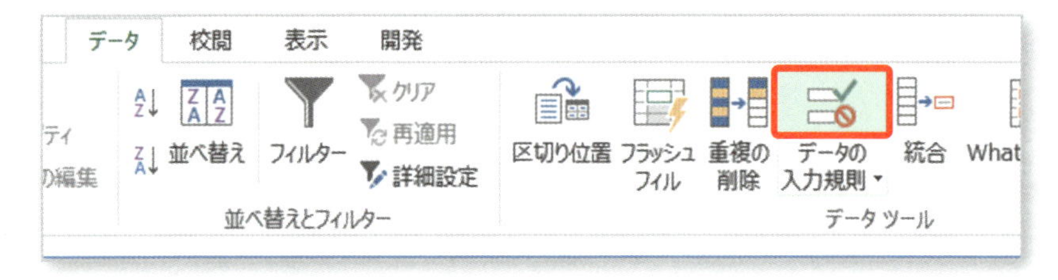

3. [入力値の種類] から「リスト」を選択します。

❹ 元の値に「自販機 , 店内販売用」と、, (半角カンマ) で区切って入力します。

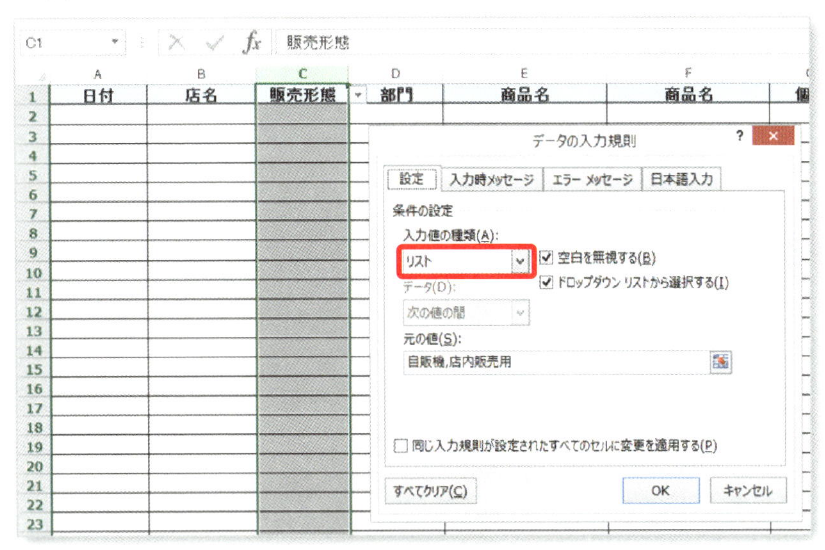

❺ [OK] ボタンをクリックします。

セルを選択すると、右側に▼ボタンが表示され、選択入力ができるようになります。

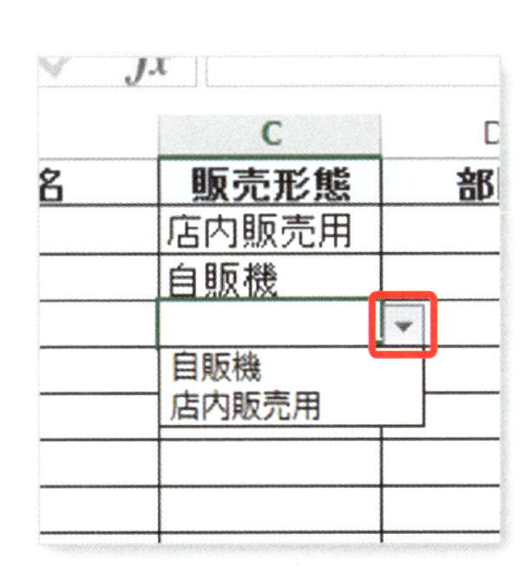

選択肢にないデータを入力すると、エラーとなり、入力できなくなります。

あわせて、エラーメッセージも設定しておきましょう。

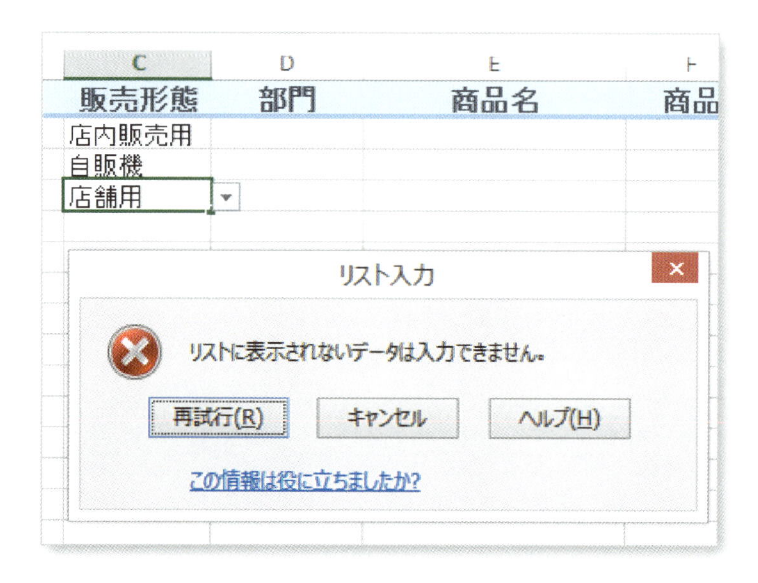

Section 05

リスト入力の選択肢が増えるたびに、再設定しなくちゃいけないの？

めんどうですね。選択肢が少ない、選択肢に変更がない場合は、「元の値」に手入力でもいいかもしれません。でも、商品リストや担当者名のように、選択肢に使うデータが多く、変更があるような場合は、あらかじめリスト入力に使うデータの一覧を作成しておき、その範囲を入力規則に使うようにしましょう。

そのとき、リスト入力に使う範囲には、名前を定義しておくとわかりやすいですよ。

❶ リスト入力に使うデータの一覧を作成します。

❷ 作成した範囲に名前を定義します（ここでは「商品リスト」）。

商品リスト

	A
1	商品リスト
2	おいしいビール350ml
3	おいしいビール500ml
4	チューハイ レモン
5	ビール350ml
6	ビール500ml
7	オレンジ果実100
8	りんご果実100
9	桃フレッシュ
10	かおりの珈琲
11	カフェオレモーニング
12	ブラック 午後の珈琲
13	ブラック濃
14	ミルクコーヒー
15	ゆったりカフェオレ
16	午後のカフェ
17	深煎り 男コーヒー
18	深煎り漆黒コーヒー
19	微糖 ほんのり
20	アクア
21	スポーツドリンク青
22	スポーツドリンク赤
23	ソーダでリフレッシュ
24	痩せる日本茶
25	日本茶うまい

❸ リスト入力を設定したい列を選択します。

❹ [データ] タブ ⇨ [データツール] グループから [データの入力規則] をクリックします。

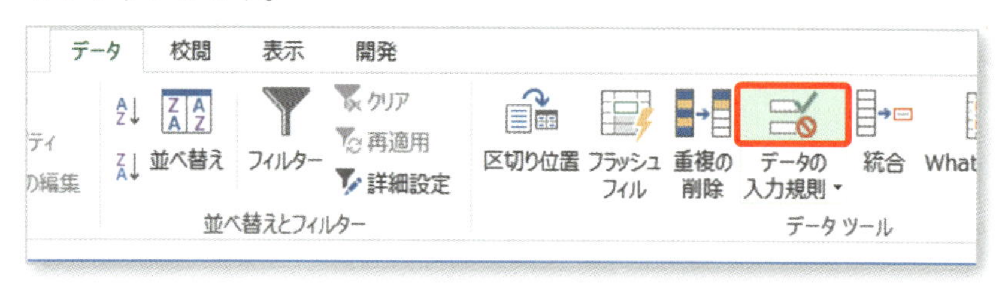

❺ 入力値の種類から「リスト」を選択します。

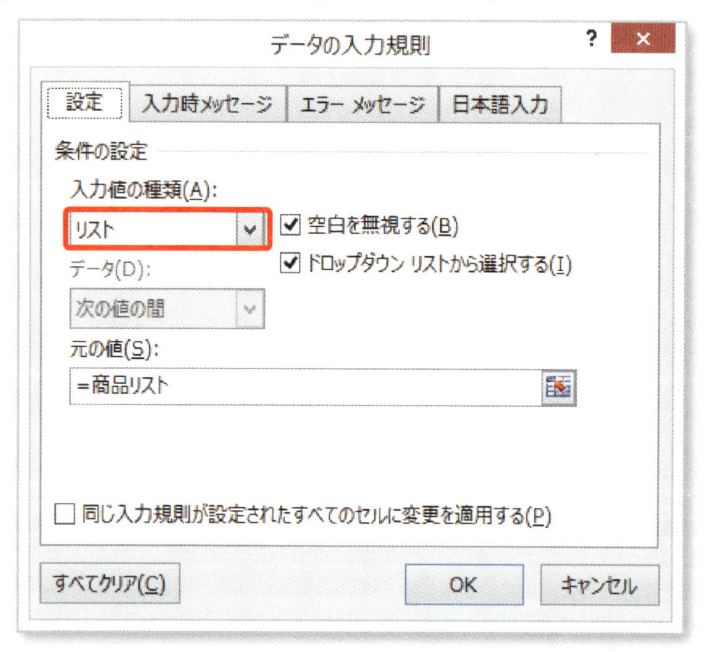

❻ 元の値にカーソルを置き、F3 を押して、定義された名前の一覧を表示します。

❼ 使用する範囲の名前を選択し、[OK] ボタンをクリックします。

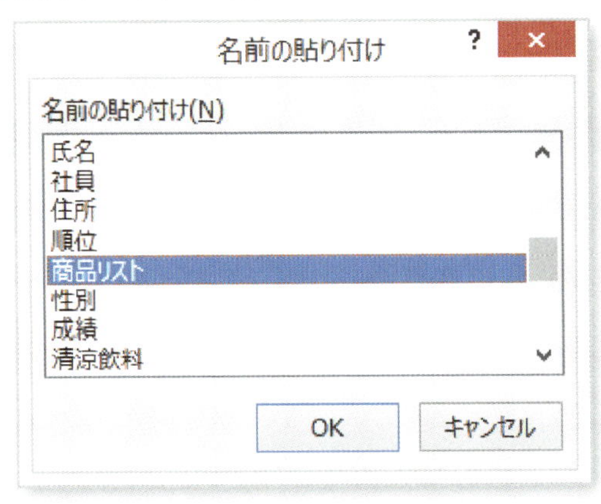

❽ 元の値に「＝商品リスト」と表示されたら、[OK] ボタンをクリックします。

❾ 選択肢の一覧が表示されます。

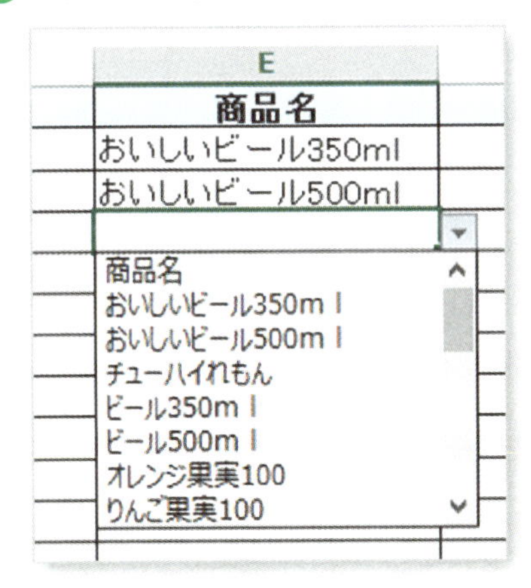

商品名に変更があった場合は、商品リストの内容を書き換えれば、リストに表示される内容が変更されます。

Section 06

商品名を追加しても
リストに表示されない！

それは、名前が定義された範囲からはみ出しているから。定義された名前の範囲は絶対参照になるので、商品リストの最後に商品名を追加したら、名前の範囲を拡張しなければなりません。

いちいち変更するのはめんどうなので、テーブルを活用しましょう。テーブルは、データを追加すると、範囲が自動的に拡張されていきます。

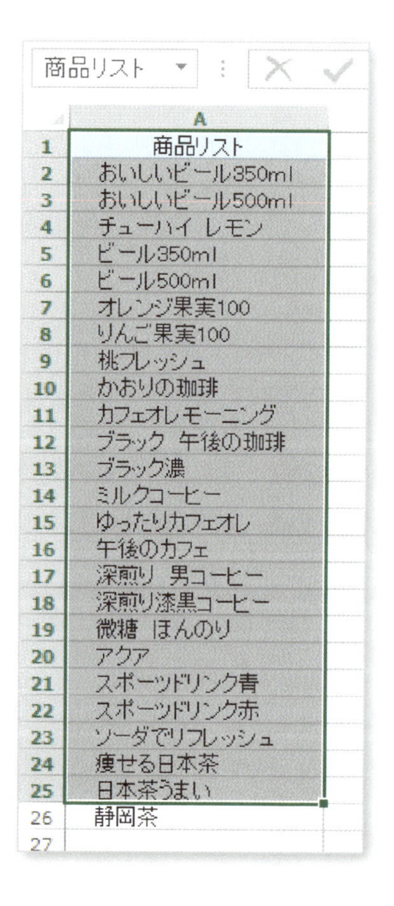

❶ 商品名の範囲を選択します。
❷ [挿入] タブ ⇨ [テーブル] グループから [テーブル] をクリックします。

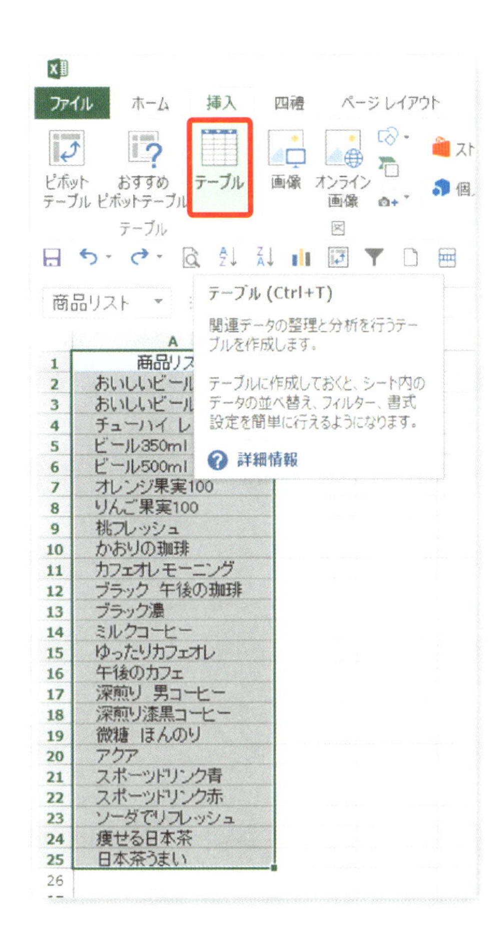

❸ [テーブルの作成] 画面が表示されたら、[先頭行をテーブル見出しとして使用する] にチェックが入っていることを確認して、[OK] ボタンをクリックします。

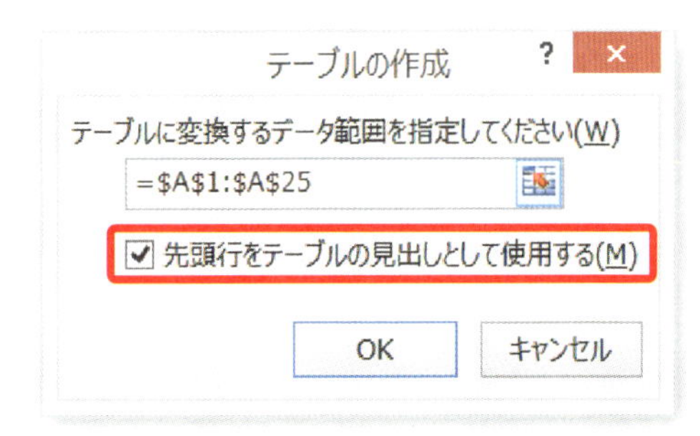

❹ 商品名の範囲がテーブルに変換され、スタイルが設定されます。

❺ データを追加すると、自動的に範囲が拡張されます。

24	痩せる日本茶
25	日本茶うまい
26	静岡茶
27	
28	

❻ 追加されたデータは、リストの選択肢に自動追加されていきます。

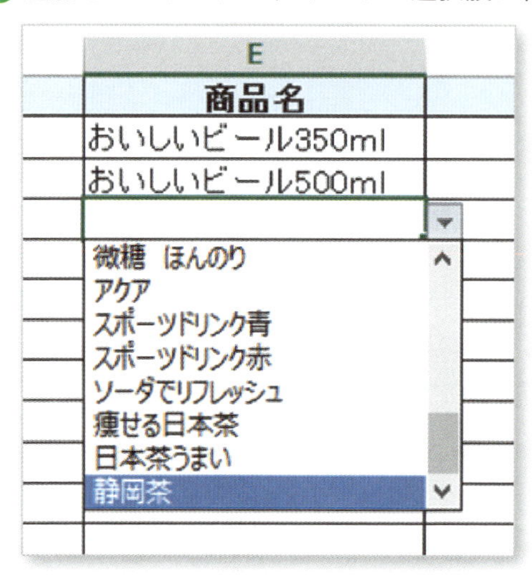

リスト入力は便利だけど、選択肢が多すぎて、探すのが面倒……

選択肢が多いリスト入力になると、選ぶのに時間がかかってしまい、せっかく作成したのに手入力したくなっちゃいますね。逆にストレスの原因になるかも。

そんなときは、選択したデータによって次の列に表示されるリストのデータを変化させる「絞り込みのリスト入力」を設定しましょう。ミス選択を防ぐことにもなります。

⊕部門にアルコールを選択しても、商品名にはすべての商品が表示される

	D	E
形態	部門	商品名
販売用	アルコール	おいしいビール350ml

(ドロップダウンリスト)
チューハイ レモン
ビール350ml
ビール500ml
オレンジ果実100
りんご果実100
桃フレッシュ
かおりの珈琲
カフェオレモーニング

⊕選択した部門の商品のみが表示される

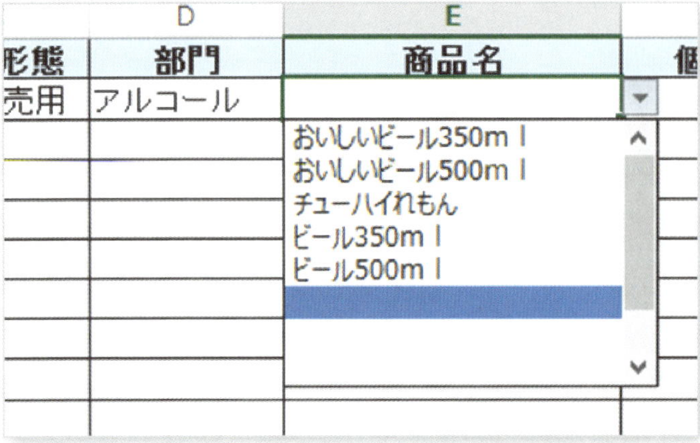

	D	E	
形態	部門	商品名	価
売用	アルコール		

おいしいビール350ml
おいしいビール500ml
チューハイれもん
ビール350ml
ビール500ml

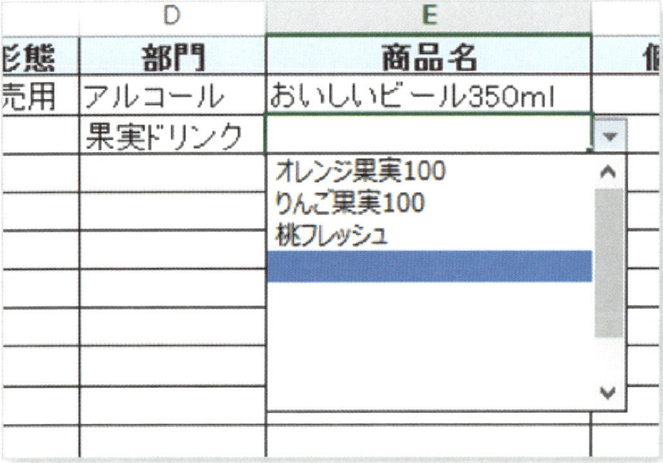

	D	E	
形態	部門	商品名	価
売用	アルコール	おいしいビール350ml	
	果実ドリンク		

オレンジ果実100
りんご果実100
桃フレッシュ

❶ 絞り込みのリスト入力を作成したいそれぞれの一覧に、名前を定義しておきます。

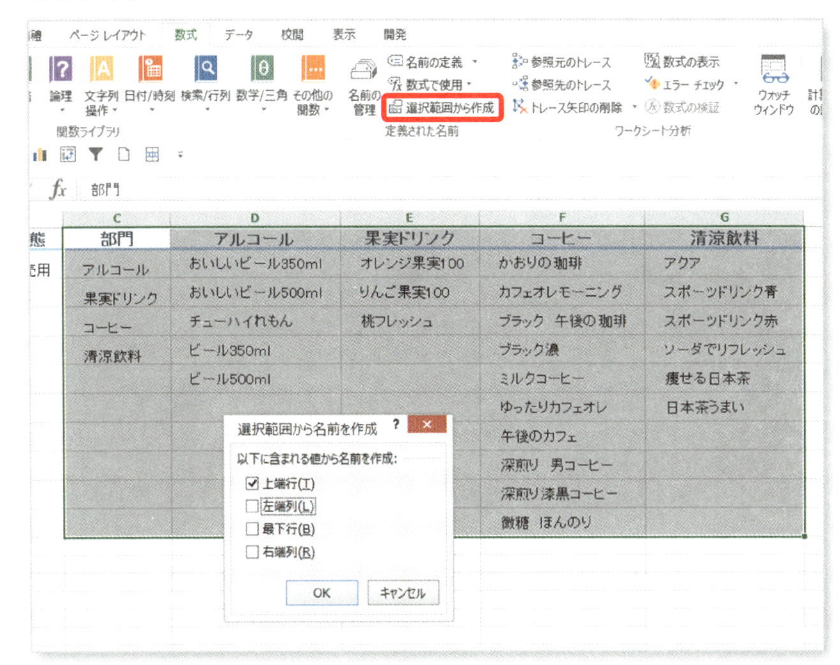

「部門」を選択すると、選択した内容に応じて、次のリストの選択肢が変化することとなります。

そのためには、部門の一覧にあるデータと、次のリストに使用する範囲の「定義された名前」が同じでなければなりません。

❷ 部門の列に定義した名前（部門）を使用し、リストの入力規則を設定します。

❸商品名の列を選択し、[データの入力規則] 画面で次のように設定します。

- 入力値の種類 ⇨ リスト
- 元の値 ⇨ =INDIRECT(D1)

❹［OK］ボタンをクリックします。

INDIRECT 関数（検索・行列関数）は、定義された名前の範囲を参照します。D 列で入力されたデータと同じ名前の範囲を参照することとなります。D 列に入力されるデータが異なることで、参照先の範囲も異なって表示されます。

列単位で選択して設定した入力規則は、1 行目の項目名にも設定される

1 行目の各項目セルに設定された入力規則をまとめて解除しておきましょう。

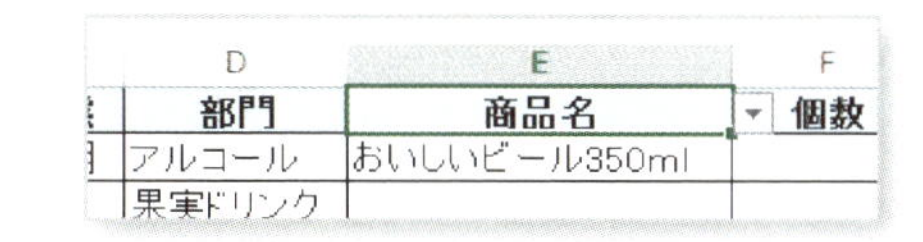

❶ 1 行目の項目のセルを行選択します。
❷［データ］タブ→［データツール］グループから、［データの入力規則］をクリックします。
❸ メッセージの画面が表示されたら、［OK］をクリックします。
❹［データの入力規則］画面の［すべてクリア］をクリックします。

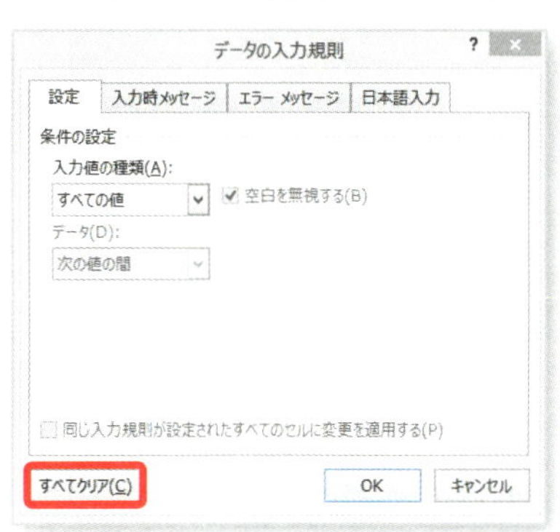

これで、1 行目の項目のセルから入力規則がまとめて削除されます。

Section 08

同じ日付が並ぶと表が見づらい、どうにかできない？

たとえば売上日は必ず入力しなければ集計がとれずに困りますが、同じ日付が並んでいると、どこからどこまでが同じ日の売上なのかわかりにくい表となります。「いかに見やすい表を作るか？」が大事ですね。

重複する日付は非表示にすることで、表がすっきりと見やすくなります。「条件付き書式」と「表示形式」を利用して、データを隠してしまいましょう。

元の表

	A	B	C
1	日付	店名	販売
2	2016/1/7	中央店	自販
3	2016/1/7	渋谷店	自販
4	2016/1/7	本店	自販
5	2016/1/7	西通り店	自販
6	2016/1/7	渋谷店	店内
7	2016/1/14	本店	自販
8	2016/1/14	渋谷店	自販
9	2016/1/14	本店	自販
10	2016/1/14	西通り店	店内
11	2016/1/14	神田店	店内
12	2016/1/17	中央店	店内
13	2016/1/20	神田店	自販
14	2016/1/21	本店	自販
15	2016/1/21	神田店	自販
16	2016/1/21	中央店	自販
17	2016/1/21	渋谷店	店内
18	2016/1/21	神田店	店内
19	2016/1/28	西通り店	自販
20	2016/1/28	中央店	店内
21	2016/1/28	渋谷店	店内
22	2016/1/29	神田店	自販
23	2016/2/4	渋谷店	店内
24	2016/2/4	渋谷店	自販
25	2016/2/4	神田店	自販
26	2016/2/4	渋谷店	店内
27	2016/2/9	西新町店	店内

⬇「条件付き書式」と「表示形式」を設定した表

	A	B	C
1	日付	店名	販売
2	2016/1/7	中央店	自販機
3		渋谷店	自販機
4		本店	自販機
5		西通り店	自販機
6		渋谷店	店内販
7	2016/1/14	本店	自販機
8		渋谷店	自販機
9		本店	自販機
10		西通り店	店内販
11		神田店	店内販
12	2016/1/17	中央店	店内販
13	2016/1/20	神田店	自販機
14	2016/1/21	本店	自販機
15		神田店	自販機
16		中央店	自販機
17		渋谷店	店内販
18		神田店	店内販
19	2016/1/28	西通り店	自販機
20		中央店	店内販
21		渋谷店	店内販
22	2016/1/29	神田店	自販機
23	2016/2/4	渋谷店	店内販
24		渋谷店	自販機
25		神田店	自販機
26		渋谷店	店内販
27	2016/2/9	西新町店	店内販

❶ 日付の列（ここではA2以降）をすべて選択します（A2を選択し、Ctrl＋Shift＋↓）。

❷［ホーム］タブ ⇨［スタイル］グループの［条件付き書式］から「新しいルール」をクリックします。

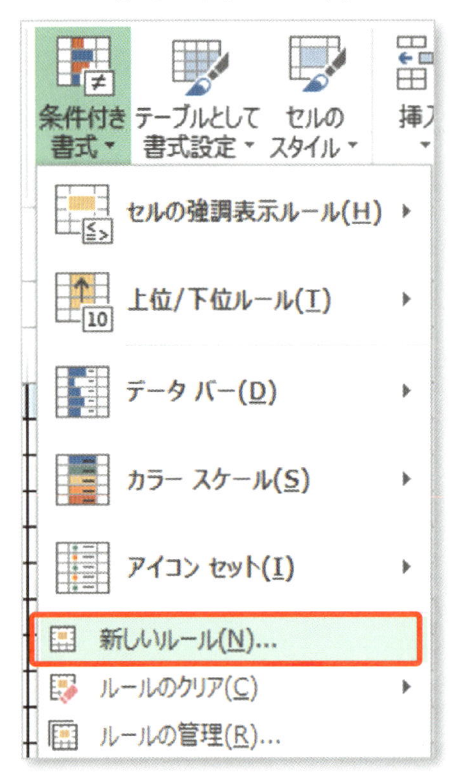

❸［新しい書式ルール］画面が開いたら、［ルールの種類］から［数式を使用して、書式設定するセルを決定］をクリックします。

❹［次の数式を満たす場合に値を書式設定］の枠内に以下のように入力します。

=A1=A2

(「1つ前のセルと選択しているセルのデータが同じならば」ということ)

❺［書式］ボタンをクリックします。

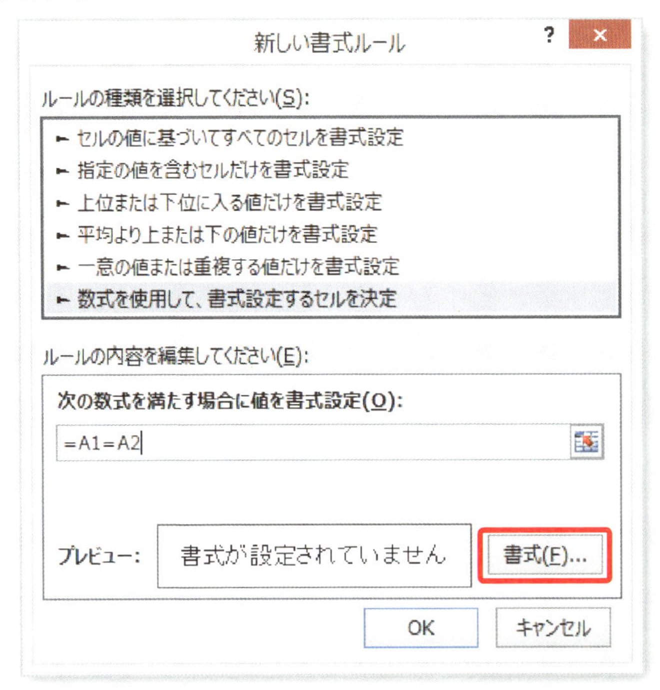

❻［セルの書式設定］画面の［表示形式］タブの［分類］から［ユーザー定義］をクリックします。

❼右側の［種類］の枠内に「;;;」（セミコロンを３つ）と入力し、［OK］ボタンをクリックします。

セミコロン３つを入力することで、セルのデータを非表示にする表示形式となります。

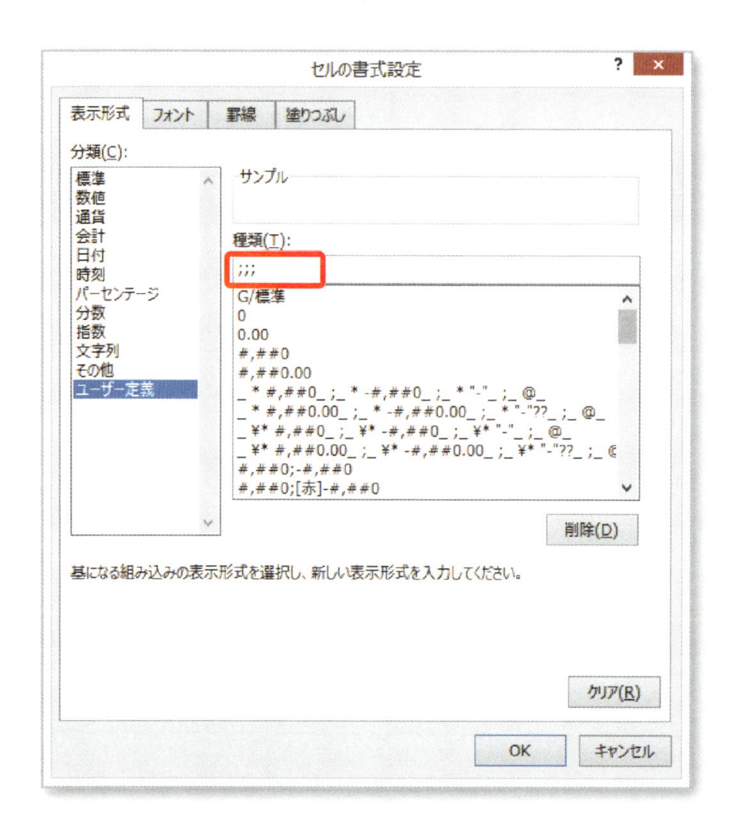

セルの書式設定
表示形式
フォント
罫線
塗りつぶし
分類(C):
標準
数値
通貨
会計
日付
時刻
パーセンテージ
分数
指数
文字列
その他
ユーザー定義
サンプル
種類(T):
;;;
G/標準
0
0.00
#,##0
#,##0.00
#,##0;-#,##0
#,##0;[赤]-#,##0
削除(D)
基になる組み込みの表示形式を選択し、新しい表示形式を入力してください。
クリア(R)
OK
キャンセル

❽［新しい書式ルール］画面に戻ったら、［OK］ボタンをクリックします。

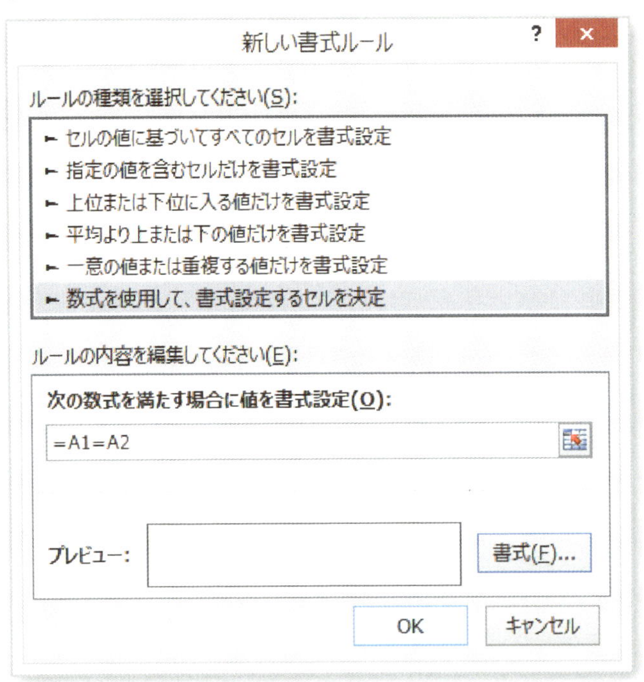

表示形式と条件付き書式を活用する

会議室の使用状況やシフトのタイムテーブルなども、表示形式と条件付き書式を活用して作成すると効率的です。

イベント受付担当表	10:00	11:00	12:00	13:00	14:00	15:00	16:00	17:00
担当A								
担当B								
担当C								
担当D								

この表の B3 ～ AG6 までの範囲に次の設定を行うことで、「1」と入力したセルに網掛けが自動表示されます。条件付き書式は、［新しいルール］から新規作成しましょう。

• 表示形式　　　⇨ ユーザー定義の設定「;;;」（セミコロン３つ）
• 条件付き書式 ⇨ =B3=1　書式には網掛けの色を設定

条件付き書式の条件は、担当Aの10：00の最初のセル（ここではB3）を基準に組み立てます。条件付き書式のセル参照は相対参照が働くので、B3、B4、B5、B6、C3、C2、C3………と範囲指定したセルのデータをチェックし、「1」と入力されたセルのみに網掛けが反映されることとなります。

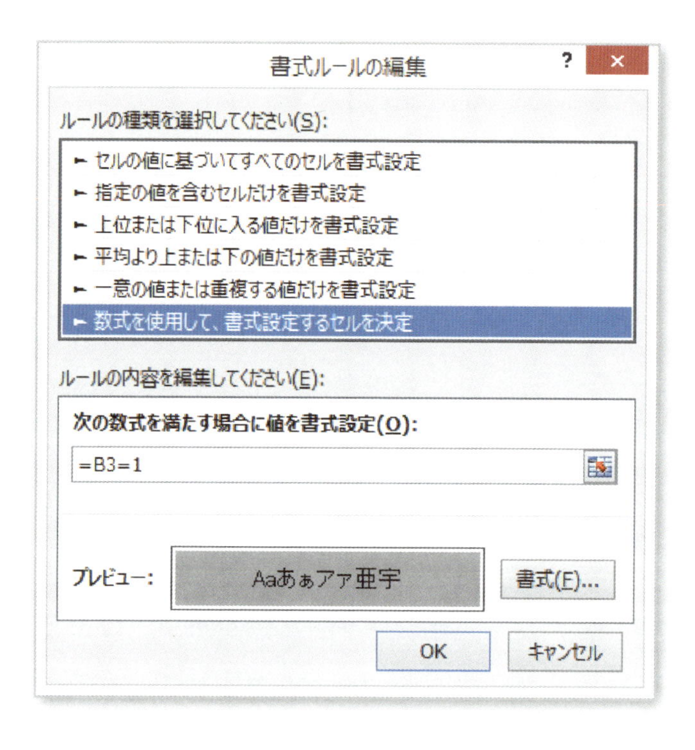

Section 09

記号の入力がめんどうなので、電話番号や郵便番号を「－」なしで入力すると「0」が消えてしまう。どうすればいい？

そうなんです、先頭に「0」がくる数値を入力すると、「0」が消えてしまいます。これは、Excel がデータを数値として認識しているためです。

最初に '(シングルクオーテーション) を入力して文字列として入力すれば「0」は表示されます。でも、大量にあると手間がかかりますね。

電話番号・郵便番号は、表示形式を設定して、記号の入力を省きましょう。

1. 電話番号の列を列選択します。
2. [セルの書式設定] 画面を表示します（Ctrl ＋ 1）。
3. [表示形式] タブの [その他] をクリックします。

❹［種類］から「電話番号(東京)」を選択し［OK］ボタンをクリックします。

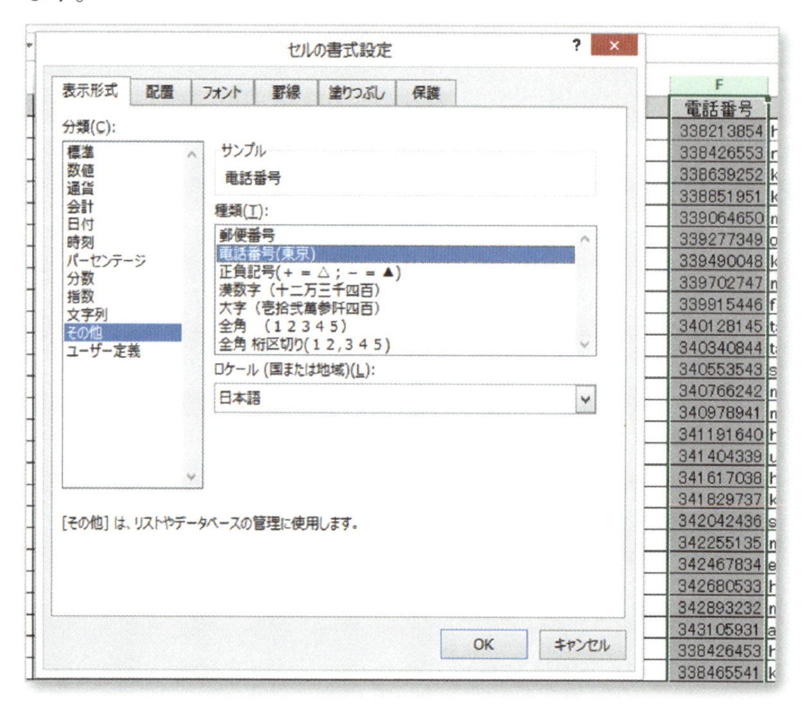

これで、いちいち入力しなくても、電話番号が市外局番（ここでは、東京の 03）と - つきで表示されます。

F	
電話番号	
(03) 3821-3854	hir
(03) 3842-6553	nal
(03) 3863-9252	ku
(03) 3885-1951	kat
(03) 3906-4650	ma
(03) 3927-7349	ok
(03) 3949-0048	ko
(03) 3970-2747	mi
(03) 3991-5446	fuj

請求書の宛先に「御中」や「様」をよく入力し忘れる……

そんなうっかりミスも、少しでも事前に防げればうれしいですね。

表示形式を設定することで、入力した文字列の後に自動で「御中」「様」などの文字列を表示することができます。

1. 宛先のセルを選択します。
2. ［セルの書式設定］画面を表示します（Ctrl ＋ 1）。
3. ［表示形式］タブの［ユーザー定義］をクリックします。
4. ［種類］の枠内に「@　"御中"」（半角アットマーク、スペース、"御中"）と入力して、［OK］をクリックします（" "は省略可能）。

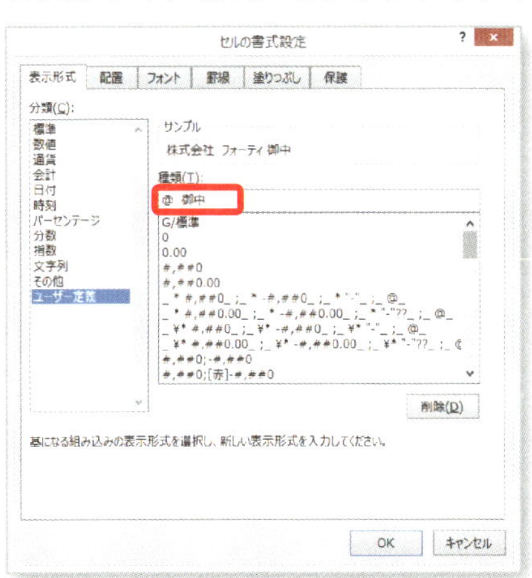

5 セルに入力された文字列の後に「　御中」が表示されます。

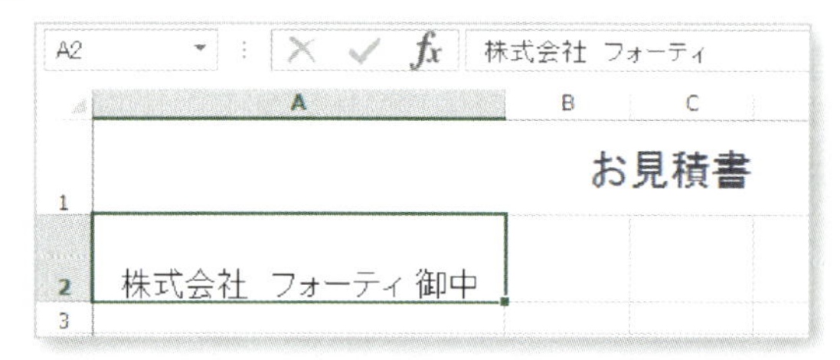

表示形式のユーザー定義を活用する

表示形式のユーザー定義を使えば、さまざまなオリジナルの表示形式を作成できます。

- 表示されている範囲の「0」を非表示にする ⇨ #
- 日付の曜日を表示する（月） ⇨ (aaa)
- 日付の曜日を表示する（月曜日） ⇨ (aaaa)
- 単位を付ける（○人） ⇨ ##0" 人 "
- ○時○分と表示する ⇨ h" 時 "mm" 分 "
- 24 時間を超える時間を表示する（29:30） ⇨ [h]:mm
- 単位：千円のように、下 3 桁を非表示にする ⇨ ###,##0,

第6章

データの並べ替えと集計を自由自在に

入力用の表をきちんと作成して日々の入力を行っておけば、月末や年度末にピボットテーブルを活用して、かんたんに集計や分析ができます。ストレスとムダな時間をなくすために、しっかり理解して、自分の仕事に応用してくださいね。

都道府県の並べ替えをすると「愛知県」が先頭にきちゃう。北海道から沖縄までの順番に並べられないの？

昇順に並べ替えをすると、「愛知県」が先頭になります。なぜかというと、漢字コードの順に並べ替えがされるからです。

そのため、北から順に並べ替えたいからと北海道が1、青森が2なんて番号を振っている方がいますが、そんなことしなくても「ユーザー設定リスト」を使えば、北海道から順に並べ替えができますよ。

まずは、北海道から沖縄までの都道府県の一覧を作成しておきましょう。

❶ 都道府県の一覧を選択します。

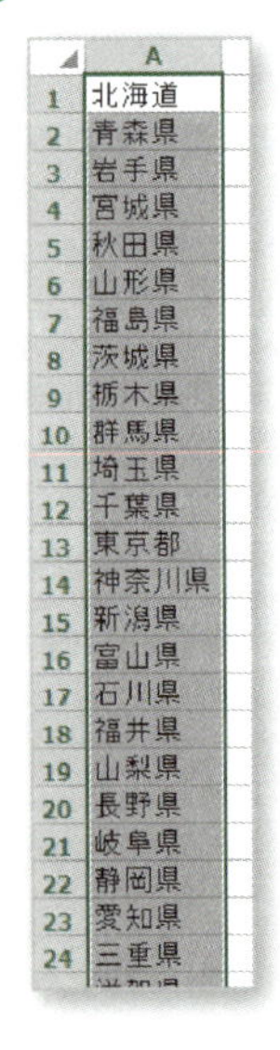

	A
1	北海道
2	青森県
3	岩手県
4	宮城県
5	秋田県
6	山形県
7	福島県
8	茨城県
9	栃木県
10	群馬県
11	埼玉県
12	千葉県
13	東京都
14	神奈川県
15	新潟県
16	富山県
17	石川県
18	福井県
19	山梨県
20	長野県
21	岐阜県
22	静岡県
23	愛知県
24	三重県

❷［ファイル］タブ ⇨［オプション］⇨［詳細設定］の［全般］にある［ユーザー設定リストの編集］をクリックします。

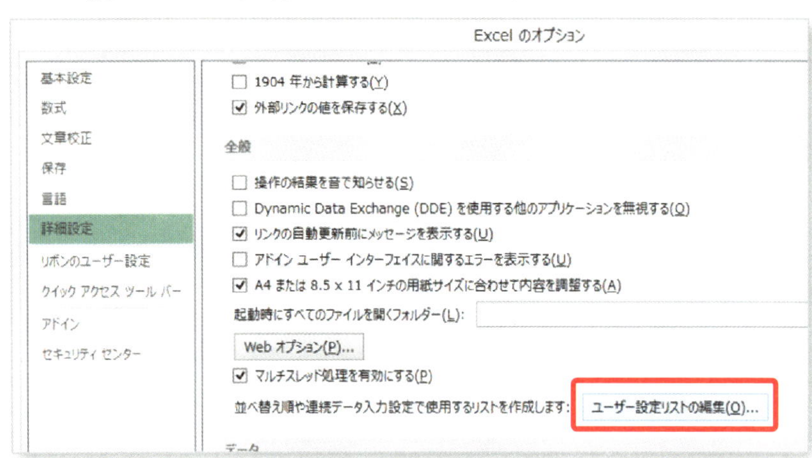

❸［ユーザー設定リスト］画面が開いたら、［インポート］ボタンをクリックします。

❹［リストの項目］の中に都道府県の一覧が表示されます。

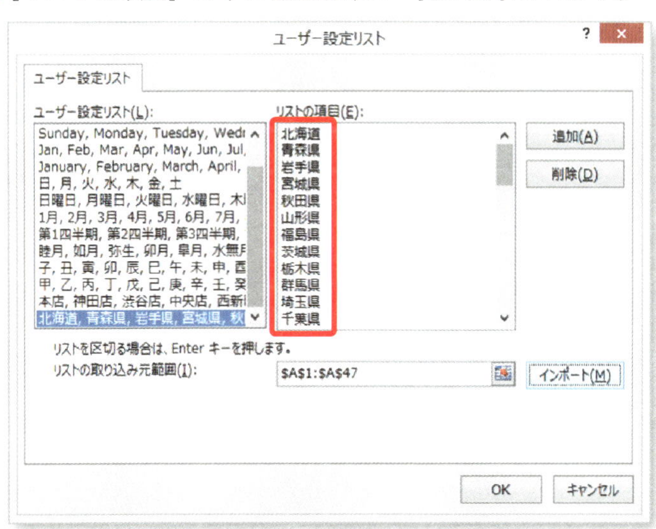

❺ [ユーザー設定リスト] 画面、[Excel のオプション] 画面の順に [OK] ボタンをクリックして閉じます。

❻ 並べ替えをしたい列内をクリックして、アクティブセルを置いておきます。

❼ [データ] タブ ⇨ [並べ替えとフィルター] グループの [並べ替え] をクリックします。

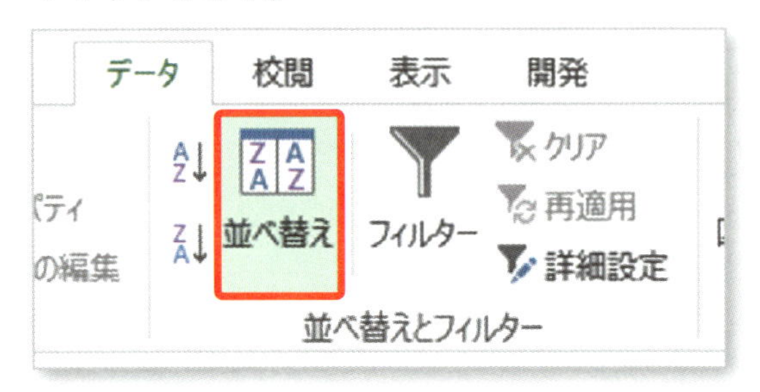

❽ [並べ替え] 画面で、以下のように指定して、[OK] ボタンをクリックします。

- 最優先されるキー ⇨ 都道府県
- 並べ替えのキー ⇨ 値
- 順序 ⇨ ユーザー設定リスト

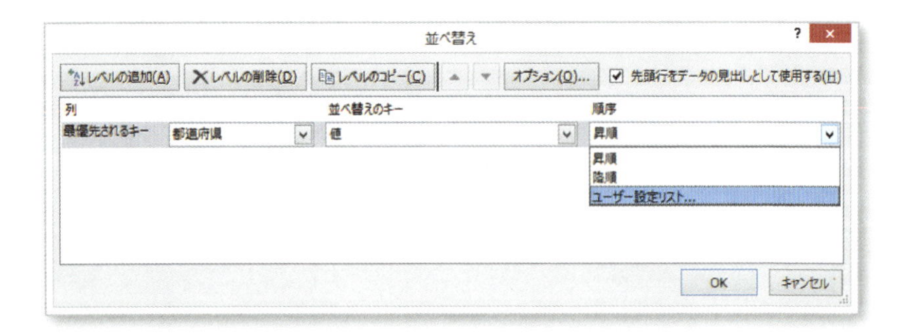

9 [ユーザー設定リスト] 画面が開いたら、[ユーザー設定リスト] から都道府県のリストをクリックします。

10 [リストの項目] に都道府県が表示されたら、[OK] ボタンをクリックします。

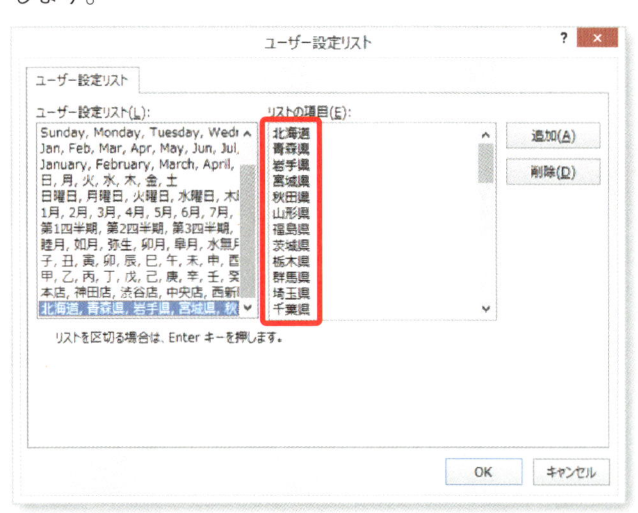

11 並べ替えの画面に戻り、順序が都道府県になっているのを確認して、[OK] ボタンをクリックします。

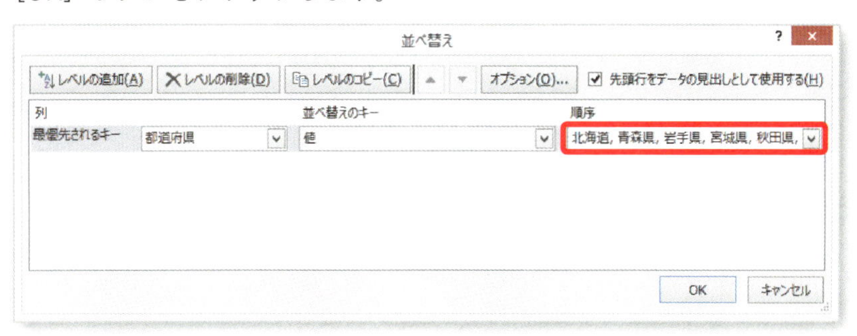

⑫ 愛知県から並んでいたデータが、北海道からに並べ替えられます。

G
都道府県
北海道
北海道
北海道
青森県
宮城県
栃木県
群馬県
埼玉県
東京都
東京都
東京都
神奈川県
神奈川県
神奈川県
神奈川県
新潟県
富山県
福井県
福井県
山梨県
長野県
岐阜県
愛知県
愛知県
愛知県
愛知県
愛知県
三重県
三重県

ちなみに、都道府県の順に並べ替えた後、さまざまな作業をして、最初の並びに戻したいとなったとき、どういう順番で並んでいたのかわからなくなることがあります。そんな事態に備えて、リストの表では「顧客No.」「売上No.」「商品No.」など、必ずキーになる連番の列を作っておきましょう。何を基準に並べ替えても、その列を基準に並べ替えることで、元に戻すことができます。

ユーザー設定リストのデータはオートフィルで入力できる

ユーザー設定リストに登録されているデータは、連続データとして、オートフィル機能が使えます。たとえば、「北海道」と入力してフィルハンドルをドラッグすると、「沖縄」までが自動入力されます。頻繁に入力する連続データなどを登録しておくと便利です。

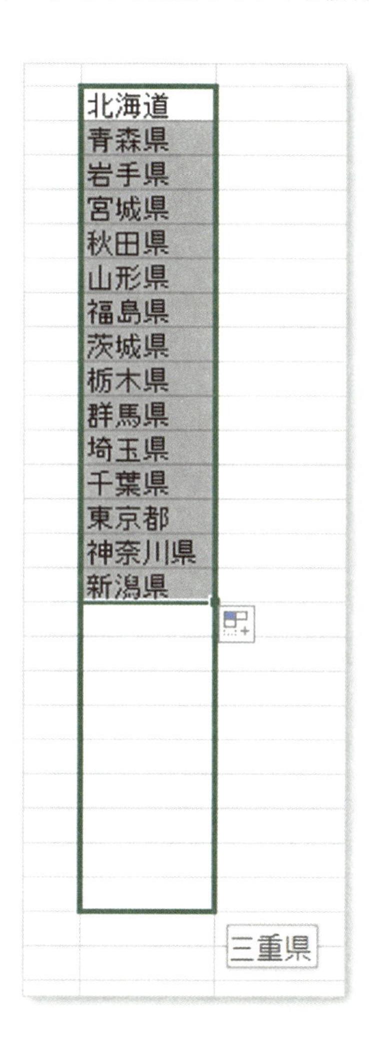

Section 02

営業会議用売上集計の作成に時間がかかって残業が多い……いろんな集計表をかんたんに作成する方法はないの?

数字を見るうえで、さまざまな角度からの集計は大事ですが、たくさんの表を作るのに時間がかかって、うんざり……そんな気持ち、わかります。できるだけ早く済ませたいですね。

売上一覧表をきちんと作成しておけば、「ピボットテーブル」を使って、欲しい集計表をまたたく間に作れます。

コツが必要なのは、元となる売上一覧表の作り方。といっても、とても当たり前のことです。

- 集計したい項目を必ずフィールドに含むこと
- 1行目のフィールド名に空白セルを作らないこと
- 1行1明細でデータを入力すること
- 表記ゆれがないこと
- 表に空白の1行がないこと

これらを守った表であれば、自由自在に集計を求めることができます。

❶ 表内をクリックして、アクティブセルを置きます。

❷ [挿入] タブ ⇨ [テーブル] グループから [ピボットテーブル] をクリックします。

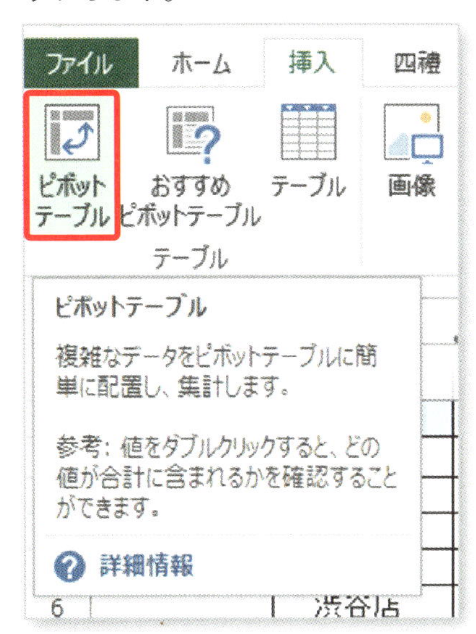

❸ 範囲の確認画面が表示されたら、[OK] をクリックします。

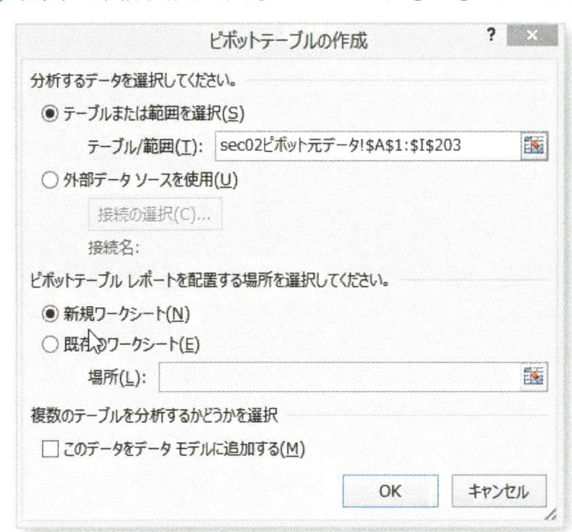

❹ 新しくピボットテーブルシートが挿入されます。

右側のフィールドリストには、元表のフィールド名がボタンになって表示されます。

ここで、日付と売上金額にチェックを入れると、日計が求められます。

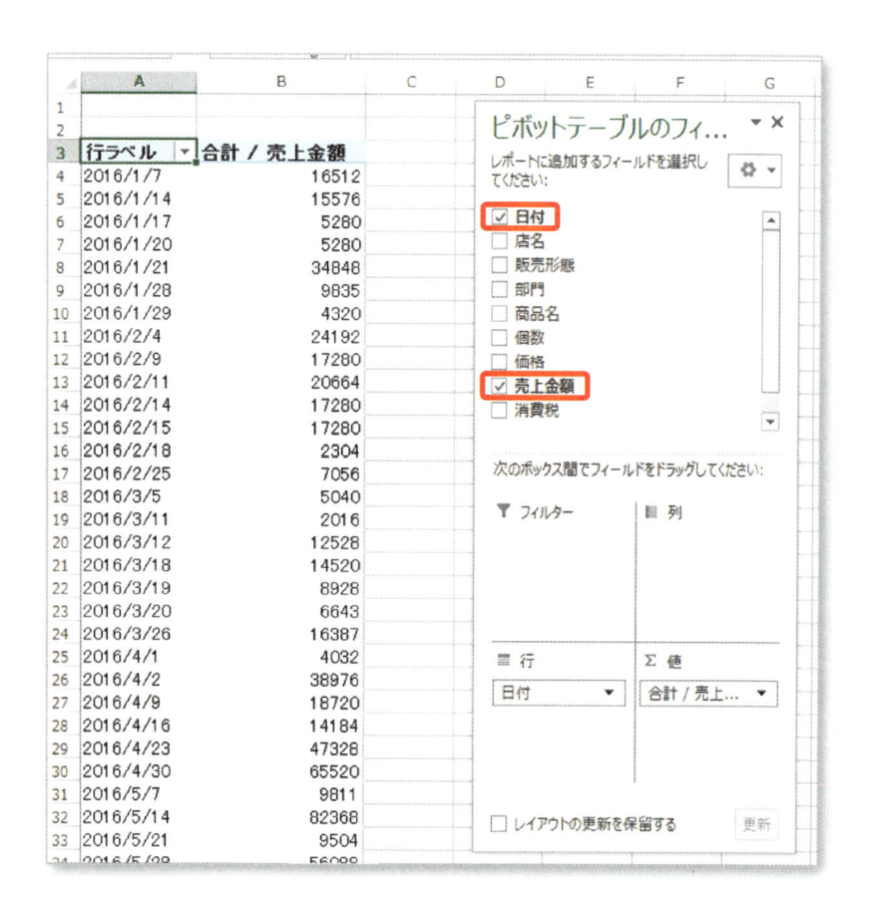

	A	B
1		
2		
3	行ラベル	合計 / 売上金額
4	2016/1/7	16512
5	2016/1/14	15576
6	2016/1/17	5280
7	2016/1/20	5280
8	2016/1/21	34848
9	2016/1/28	9835
10	2016/1/29	4320
11	2016/2/4	24192
12	2016/2/9	17280
13	2016/2/11	20664
14	2016/2/14	17280
15	2016/2/15	17280
16	2016/2/18	2304
17	2016/2/25	7056
18	2016/3/5	5040
19	2016/3/11	2016
20	2016/3/12	12528
21	2016/3/18	14520
22	2016/3/19	8928
23	2016/3/20	6643
24	2016/3/26	16387
25	2016/4/1	4032
26	2016/4/2	38976
27	2016/4/9	18720
28	2016/4/16	14184
29	2016/4/23	47328
30	2016/4/30	65520
31	2016/5/7	9811
32	2016/5/14	82368
33	2016/5/21	9504

次は、月計を出してみましょう。

❶ A列の日付データ内を右クリックして、表示されたメニューから［グループ化］をクリックします。

❷［グループ化］画面が表示されたら、単位が「月」になっているのを確認し、［OK］をクリックします。

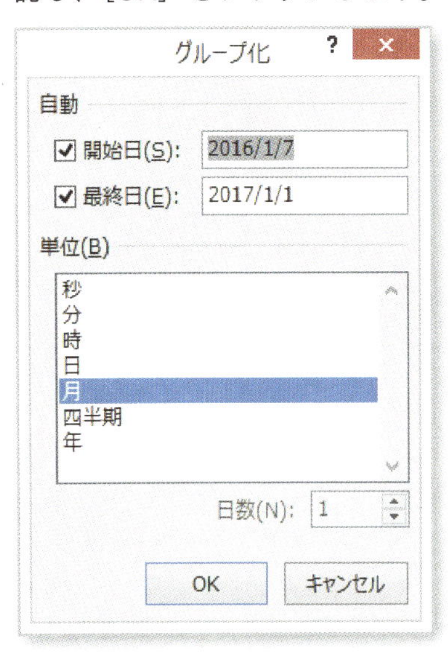

❸ 日計が月計に変更されます。

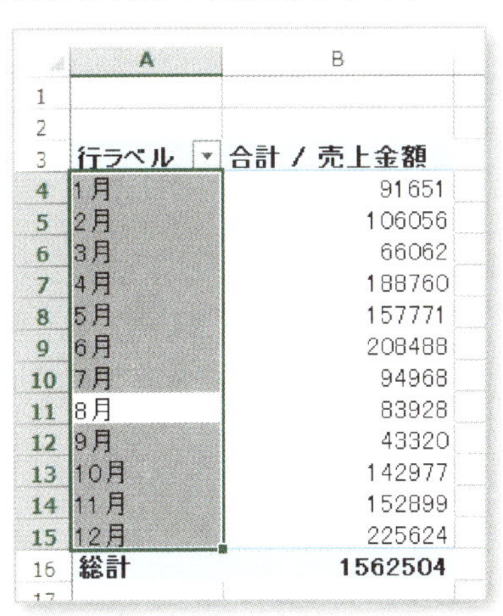

	A	B
1		
2		
3	行ラベル	合計 / 売上金額
4	1月	91651
5	2月	106056
6	3月	66062
7	4月	188760
8	5月	157771
9	6月	208488
10	7月	94968
11	8月	83928
12	9月	43320
13	10月	142977
14	11月	152899
15	12月	225624
16	総計	1562504

フィールドリストの「店名」を列のボックスへドラッグすると、支店ごとの月集計が求められます。

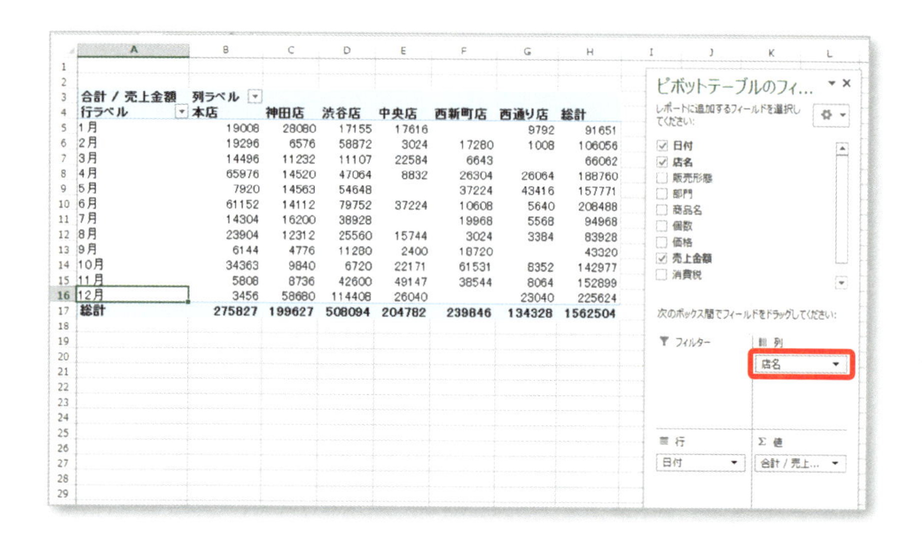

合計 / 売上金額	列ラベル						
行ラベル	本店	神田店	渋谷店	中央店	西新町店	西通り店	総計
1月	19008	28080	17155	17616		9792	91651
2月	19296	6576	58872	3024	17280	1008	106056
3月	14496	11232	11107	22584	6643		66062
4月	65976	14520	47064	8832	26304	26064	188760
5月	7920	14563	54648		37224	43416	157771
6月	61152	14112	79752	37224	10608	5640	208488
7月	14304	16200	38928		19968	5568	94968
8月	23904	12312	25560	15744	3024	3384	83928
9月	6144	4776	11280	2400	18720		43320
10月	34363	9840	6720	22171	61531	8352	142977
11月	5808	8736	42600	49147	38544	8064	152899
12月	3456	58680	114408	26040		23040	225624
総計	275827	199627	508094	204782	239846	134328	1562504

ピボットテーブルを編集するには、集計に必要なフィールドにチェックを入れ、下の編集用ボックスの行・列にドラッグして表を組みかえます。リストから直接ボックスへドラッグしても OK です。削除する場合は、チェックを外します。

最後に、すべてのチェックを外し、空のピボットテーブルにして、部門・商品ごとの売上月集計を求めてみましょう。次のようにフィールドを配置します。

- 行　⇨　部門・商品名
- 列　⇨　日付

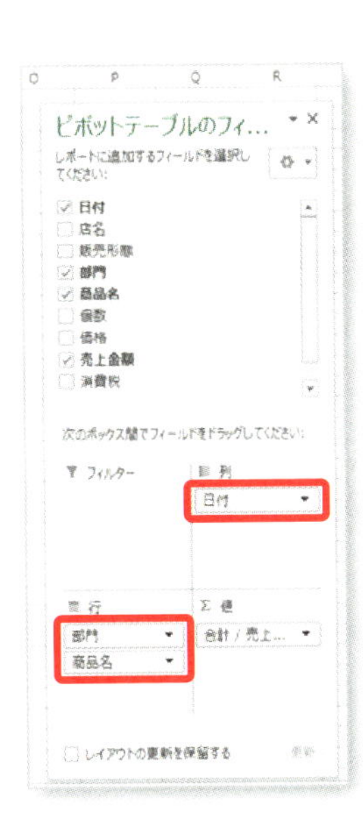

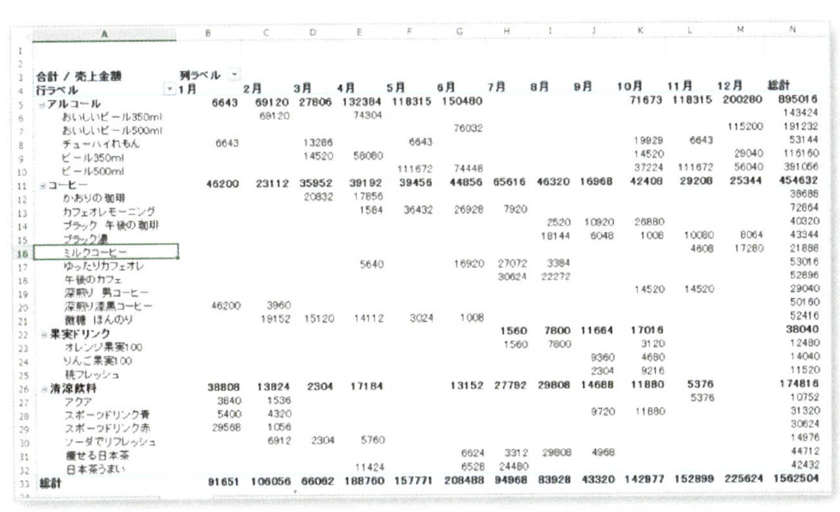

合計 / 売上金額 行ラベル	1月	2月	3月	4月	5月	6月	7月	8月	9月	10月	11月	12月	総計
アルコール	**6643**	**69120**	**27806**	**132384**	**118315**	**150480**				**71673**	**118315**	**200280**	**895016**
おいしいビール350ml		69120		74304									143424
おいしいビール500ml						76032						115200	191232
チューハイれもん	6643		13286		6643					19929	6643		53144
ビール350ml			14520	58080						14520		29040	116160
ビール500ml					111672	74448				37224	111672	56040	391056
コーヒー	**46200**	**23112**	**35952**	**39192**	**39456**	**44856**	**65616**	**46320**	**16968**	**42408**	**29208**	**25344**	**454632**
かおりの珈琲			20832	17856									38688
カフェオレモーニング				1584	36432	26928	7920						72864
ブラック　午後の珈琲								2520	10920	26880			40320
ブラック濃								18144	6048	1008	10080	8064	43344
ミルクコーヒー											4608	17280	21888
ゆったりカフェオレ				5640		16920	27072	3384					53016
午後のカフェ							30624	22272					52896
深煎り　男コーヒー										14520	14520		29040
深煎り漆黒コーヒー	46200	3960											50160
微糖　ほんのり		19152	15120	14112	3024	1008							52416
果実ドリンク							**1560**	**7800**	**11664**	**17016**			**38040**
オレンジ果実100							1560	7800		3120			12480
りんご果実100									9360	4680			14040
桃フレッシュ									2304	9216			11520
清涼飲料	**38808**	**13824**	**2304**	**17184**		**13152**	**27792**	**29808**	**14688**	**11880**	**5376**		**174816**
アクア	3840	1536									5376		10752
スポーツドリンク青	5400	4320							9720	11880			31320
スポーツドリンク赤	29568	1056											30624
ソーダでリフレッシュ		6912	2304	5760									14976
痩せる日本茶						6624	3312	29808	4968				44712
日本茶うまい				11424		6528	24480						42432
総計	**91651**	**106056**	**66062**	**188760**	**157771**	**208488**	**94968**	**83928**	**43320**	**142977**	**152899**	**225624**	**1562504**

Section 03

集計みたいにかんたんに、データの抽出もできると助かる！

ピボットテーブルを使えば、オートフィルターを使わなくても、必要なデータだけを絞り込んで一覧作成することができますよ。

❶ ピボットテーブルを利用して、支店別月集計を求めます。

- 行 ⇨ 店名
- 列 ⇨ 日付（月でグループ化）
- 値 ⇨ 売上金額

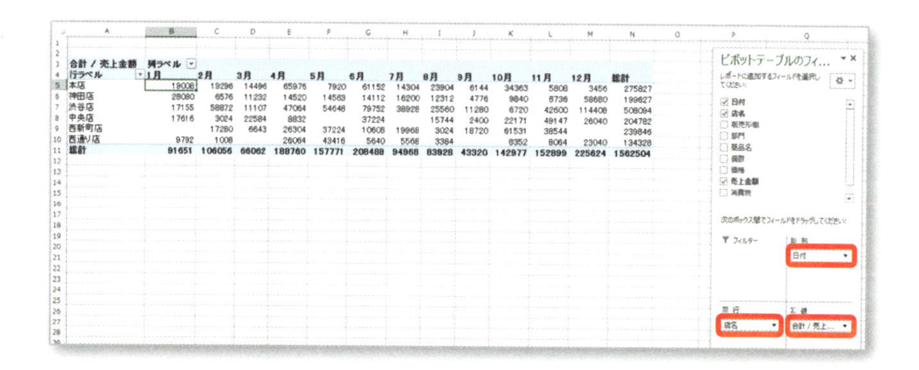

合計 / 売上金額	列ラベル												
行ラベル	1月	2月	3月	4月	5月	6月	7月	8月	9月	10月	11月	12月	総計
本店	19008	19296	14496	65976	7920	61152	14304	23904	6144	34363	5808	3456	275827
神田店	28080	6576	11232	14520	14563	14112	16200	12312	4776	9840	8736	58680	199627
渋谷店	17155	58872	11107	47064	54648	79752	38928	25560	11280	6720	42600	114408	508094
中央店	17616	3024	22584	8832		37224		15744	2400	22171	49147	26040	204782
西新町店		17280	6643	26304	37224	10608	19968	3024	18720	61531	38544		239846
西通り店	9792	1008		26064	43416	5640	5568	3384		8352	8064	23040	134328
総計	91651	106056	66062	188760	157771	208488	94968	83928	43320	142977	152899	225624	1562504

❷ 本店の１月の売上明細表が必要であれば、売上金額のセル（B5）をダブルクリックします。

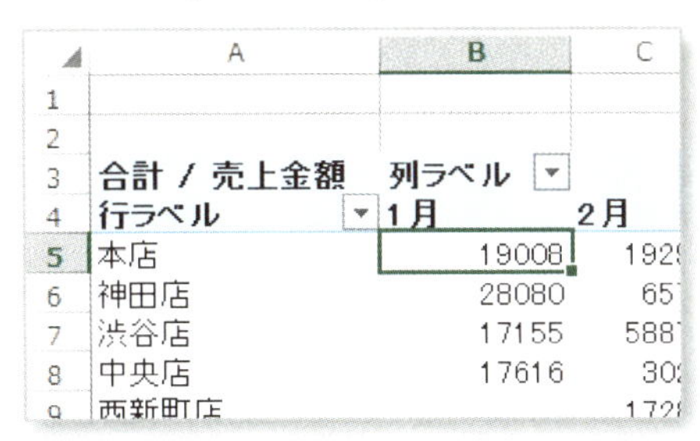

	A	B	C
1			
2			
3	合計 / 売上金額	列ラベル	
4	行ラベル	1月	2月
5	本店	19008	192
6	神田店	28080	65
7	渋谷店	17155	588
8	中央店	17616	30
9	西新町店		172

❸ 新しくワークシートが挿入され、１月の本店の売上明細表が表示されます。

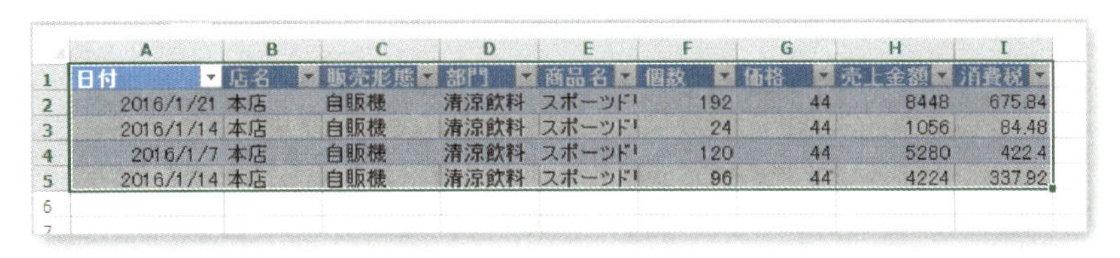

	A	B	C	D	E	F	G	H	I
1	日付	店名	販売形態	部門	商品名	個数	価格	売上金額	消費税
2	2016/1/21	本店	自販機	清涼飲料	スポーツドI	192	44	8448	675.84
3	2016/1/14	本店	自販機	清涼飲料	スポーツドI	24	44	1056	84.48
4	2016/1/7	本店	自販機	清涼飲料	スポーツドI	120	44	5280	422.4
5	2016/1/14	本店	自販機	清涼飲料	スポーツドI	96	44	4224	337.92
6									

明細表が必要な売上金額のセルをダブルクリックすれば、瞬時に一覧を作成することができます。たとえば、「渋谷店の１月の売上の中で、アルコール部門のみの売上一覧がほしい」という場合を例に、やり方を見てみましょう。

❶ 渋谷店の店名をダブルクリックします。

❷［詳細データの表示］画面が表示されるので、「部門」を選択して、［OK］をクリックします。

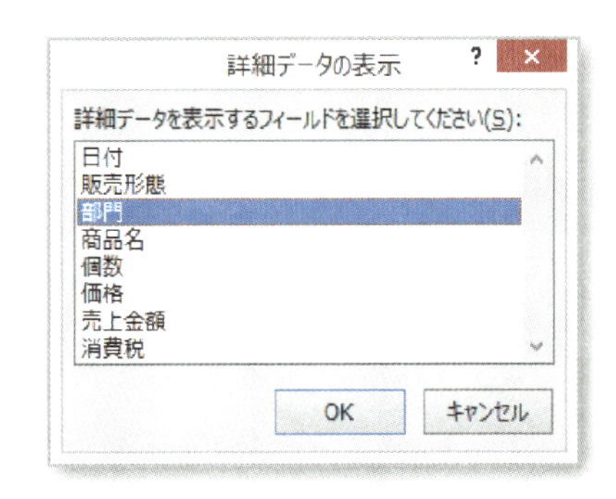

❸ 渋谷店の下に、部門の詳細が表示されます。

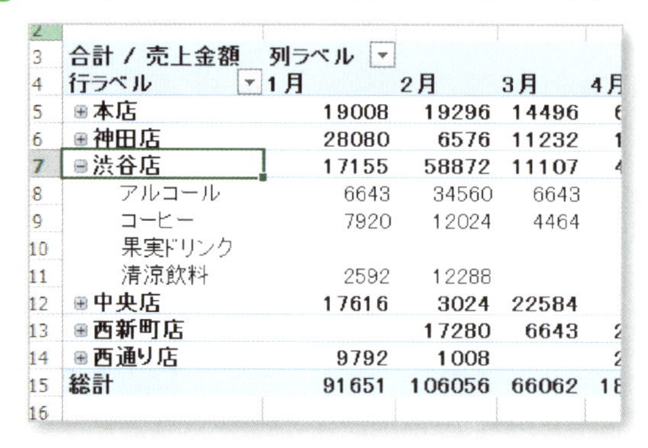

合計 / 売上金額	列ラベル			
行ラベル	1月	2月	3月	4月
⊞本店	19008	19296	14496	6
⊞神田店	28080	6576	11232	1
⊟渋谷店	17155	58872	11107	4
アルコール	6643	34560	6643	
コーヒー	7920	12024	4464	
果実ドリンク				
清涼飲料	2592	12288		
⊞中央店	17616	3024	22584	
⊞西新町店		17280	6643	2
⊞西通り店	9792	1008		2
総計	91651	106056	66062	18

❹ アルコールの1月の数値をダブルクリックすると、新しいワークシートに詳細データが作成されます。

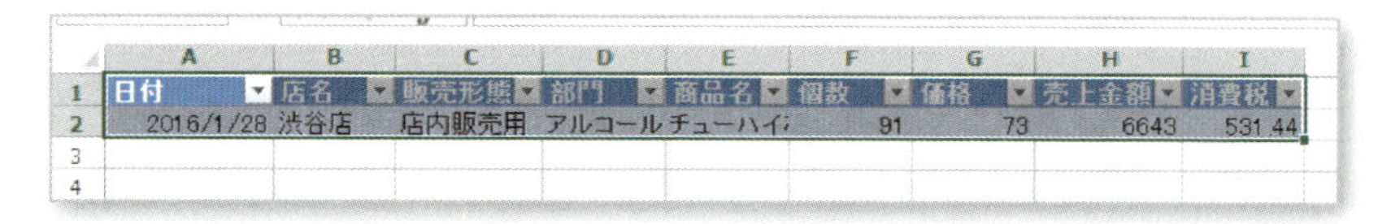

日付	店名	販売形態	部門	商品名	個数	価格	売上金額	消費税
2016/1/28	渋谷店	店内販売用	アルコール	チューハイ	91	73	6643	531.44

A列の各支店に「+」マークが表示され、すべての支店の部門を表示できるようになります。詳細を表示したくない場合は、支店名の横の「−」ボタンをダブルクリックすれば、非表示にできます。

渋谷店の「アルコール」をダブルクリックすれば、さらに詳細データの「商品名」を表示することもできます。

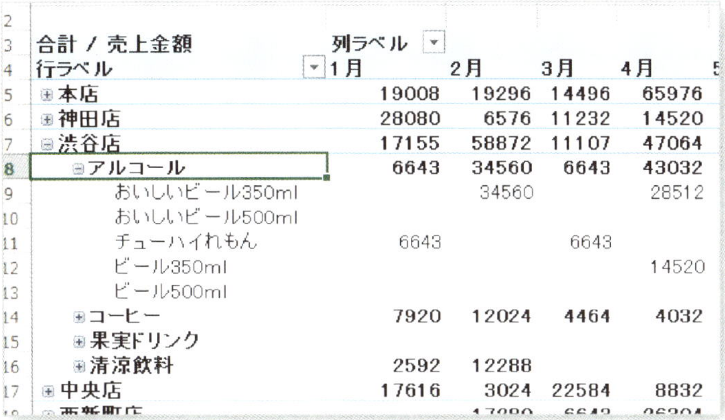

2					
3	合計 / 売上金額	列ラベル			
4	行ラベル	1月	2月	3月	4月
5	⊞本店	19008	19296	14496	65976
6	⊞神田店	28080	6576	11232	14520
7	⊟渋谷店	17155	58872	11107	47064
8	⊟アルコール	6643	34560	6643	43032
9	おいしいビール350ml		34560		28512
10	おいしいビール500ml				
11	チューハイれもん	6643		6643	
12	ビール350ml				14520
13	ビール500ml				
14	⊞コーヒー	7920	12024	4464	4032
15	⊞果実ドリンク				
16	⊞清涼飲料	2592	12288		
17	⊞中央店	17616	3024	22584	8832

これを見れば、渋谷店の部門集計だけでなく、「アルコールの、どの商品が、何月に、どれだけ注文が来ているのか？」がわかりますね。

データが持つ詳細な情報をどんどんとドリルダウンして（絞り込んで）表示、非表示を切り替えることができるので、さまざまな角度からデータを見ることができます。

詳細データを削除したい場合は、右側のフィールドリストのチェックを外してください。

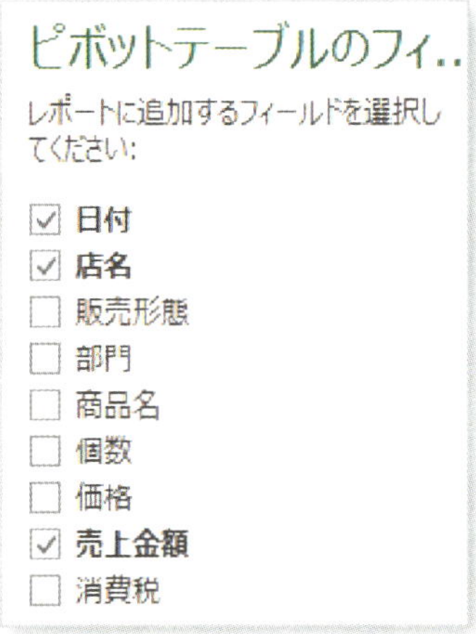

ピボットテーブルのフィ..

レポートに追加するフィールドを選択してください:

- [x] 日付
- [x] 店名
- [ ] 販売形態
- [ ] 部門
- [ ] 商品名
- [ ] 個数
- [ ] 価格
- [x] 売上金額
- [ ] 消費税

ピボットテーブルを利用すれば、会議で必要な集計表をたくさん作成して、配布用の書類を準備しなくても、会議の中で求められる集計を即座に提示することができます。時間も紙もムダがなくなるのではないでしょうか？

ただ、ピボットテーブルは、組みなおすことによって新たな集計結果に変化していくので、常に１つの集計しか見ることができません。たとえば、支店ごとのデータを細かく見たい場合は、各支店のピボットテーブルを別のワークシートに作成すると便利です。

ピボットテーブルを利用して一覧を一瞬で作成

大量のデータの中から、「部門一覧」「商品一覧」のように重複しないデータの一覧を作成するには、ピボットテーブルを活用するととてもかんたんです。作成したいフィールドにのみチェックを入れることで、一瞬で一覧が作成できます。

⊕商品名一覧

	A	B	C	D	E	F
1						
2						
3	**行ラベル**					
4	アクア					
5	おいしいビール350ml					
6	おいしいビール500ml					
7	オレンジ果実100					
8	かおりの 珈琲					
9	カフェオレモーニング					
10	スポーツドリンク青					
11	スポーツドリンク赤					
12	ソーダでリフレッシュ					
13	チューハイれもん					
14	ビール350ml					
15	ビール500ml					
16	ブラック 午後の 珈琲					
17	ブラック濃					
18	ミルクコーヒー					
19	ゆったりカフェオレ					
20	りんご果実100					
21	午後のカフェ					
22	深煎り 男コーヒー					
23	深煎り漆黒コーヒー					
24	痩せる日本茶					
25	桃フレッシュ					
26	日本茶うまい					
27	微糖 ほんのり					
28	**総計**					
29						
30						

ピボットテーブルのフィ…

レポートに追加するフィールドを選択してください:

- ☐ 日付
- ☐ 店名
- ☐ 販売形態
- ☐ 部門
- ☑ **商品名**
- ☐ 個数
- ☐ 価格
- ☐ 売上金額
- ☐ 消費税

その他のテーブル...

次のボックス間でフィールドをドラッグしてください:

フィルター　列

行　値

商品名

⊕店名一覧

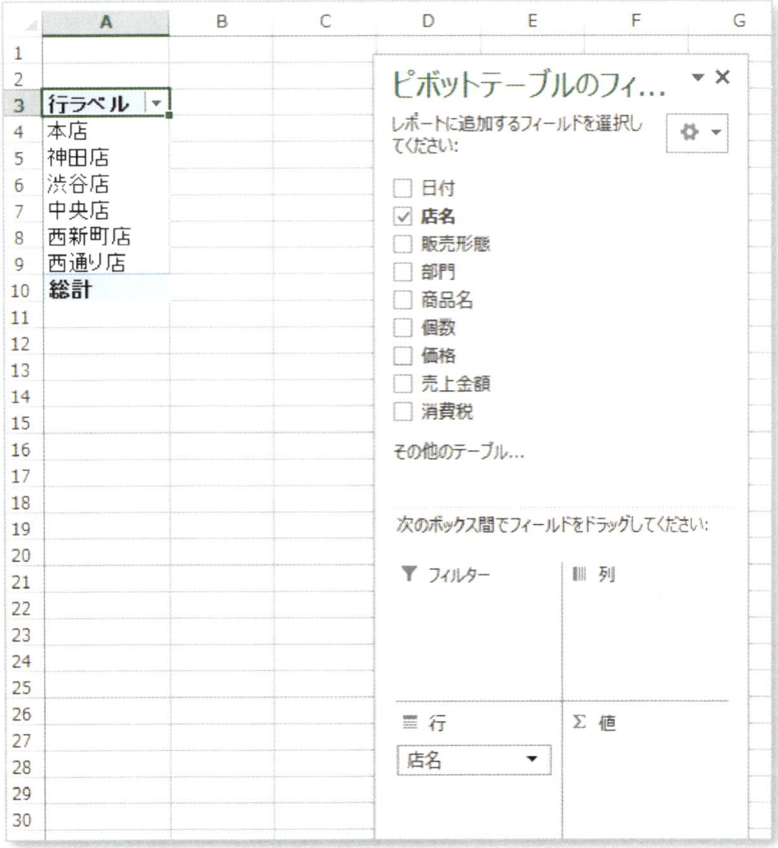

	A	B	C	D	E	F	G
1							
2							
3	行ラベル						
4	本店						
5	神田店						
6	渋谷店						
7	中央店						
8	西新町店						
9	西通り店						
10	**総計**						

ピボットテーブルのフィ…

レポートに追加するフィールドを選択してください:

- ☐ 日付
- ☑ **店名**
- ☐ 販売形態
- ☐ 部門
- ☐ 商品名
- ☐ 個数
- ☐ 価格
- ☐ 売上金額
- ☐ 消費税

その他のテーブル…

次のボックス間でフィールドをドラッグしてください:

フィルター　列

行: 店名　Σ 値

作成した一覧は、コピー&値貼り付けをして、別シートにまとめておきましょう。

Section 04

いちいちピボットテーブルシートを挿入するのが面倒……

ピボットテーブルをたくさん使う場合、1つずつ手作業で挿入していくのはストレスになります。

編集用のボックスには、「フィルター」というものがあります。フィルターに入れたフィールドは、自動でピボットテーブルシートを作成することができます。

❶ 次のようにピボットテーブルを組みます。

- フィルター ⇨ 店名
- 行 ⇨ 日付
- 列 ⇨ 部門
- 値 ⇨ 売上金額

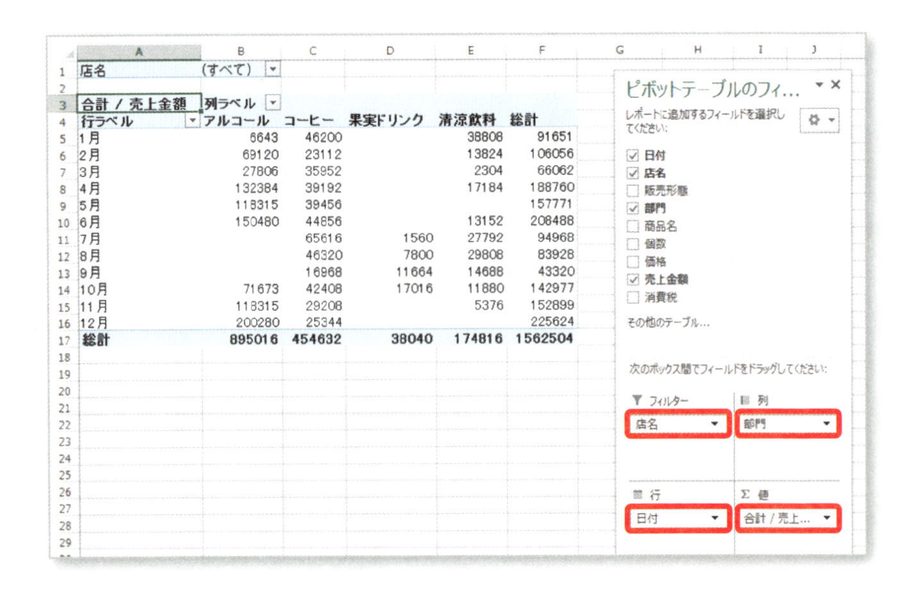

店名	(すべて)				
合計 / 売上金額	列ラベル				
行ラベル	アルコール	コーヒー	果実ドリンク	清涼飲料	総計
1月	6643	46200		38808	91651
2月	69120	23112		13824	106056
3月	27806	35952		2304	66062
4月	132384	39192		17184	188760
5月	118315	39456			157771
6月	150480	44856		13152	208488
7月		65616	1560	27792	94968
8月		46320	7800	29808	83928
9月		16968	11664	14688	43320
10月	71673	42408	17016	11880	142977
11月	118315	29208		5376	152899
12月	200280	25344			225624
総計	895016	454632	38040	174816	1562504

ピボットテーブルの編集中は、リボンに「ピボットテーブルツール」タブ表示されます。

❷ [分析] タブ ⇨ [ピボットテーブル] グループの [オプション] から [レポートフィルターページの表示] をクリックします。

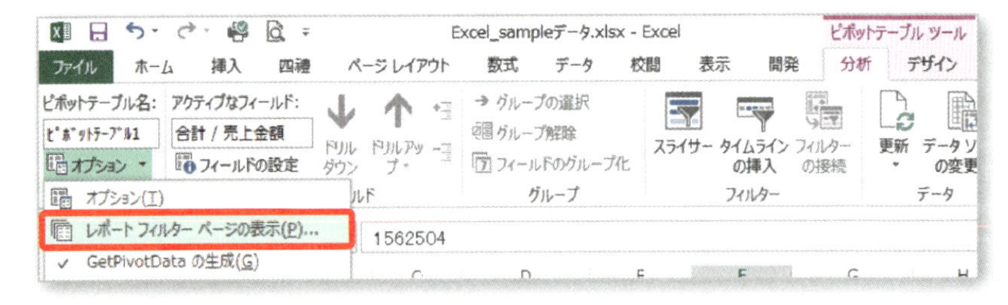

❸［レポートフィルターページの表示］画面が表示され、フィルターに入っているフィールドの一覧が表示されます。

❹店名が選択されているので、［OK］ボタンをクリックします。

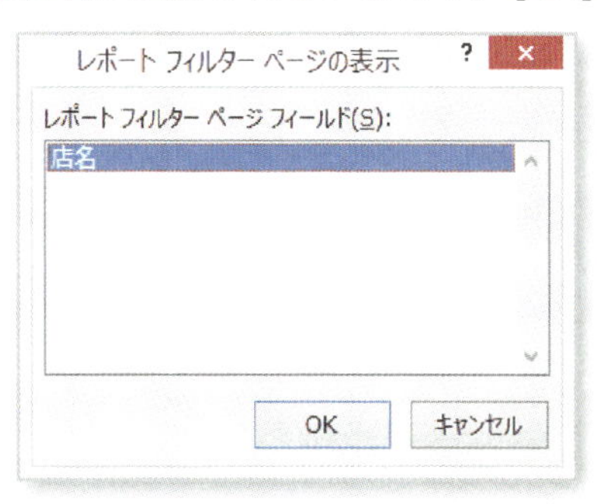

❺それぞれの支店のピボットテーブルシートが自動挿入されます。シート名にはフィールド名が表示されます。

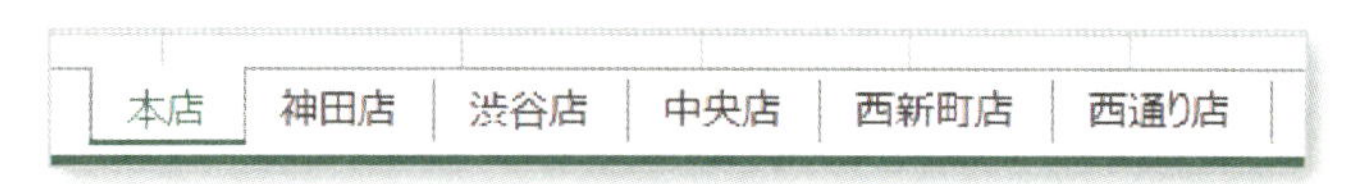

各支店のピボットテーブルは、自由に組み替えて使えます。

第７章

面倒な作業を一瞬で終わらす 関数の使い方

「キャンペーンで集めた会員名簿の管理をしていると、入力や問い合わせ時の検索に時間がかかる……」
「集計結果に順位をつけるときにうまくいかない……」

そんな問題も、関数を組み合わせ、応用することで、解決します。便利な使い方の工夫を覚えましょう。

Section 01

会員名簿で郵便番号や住所を入力するのが大変！入力しないで表示できないかなぁ……

住所の入力は「日ごろ使わない漢字や読みが多くて大変！」という方が多いですね。

住所は、文字を入力しないで、郵便番号から入力するとラクですよ。日本語入力ソフトには郵便番号辞書も含まれているので、郵便番号を入力して変換すると住所が出ます。辞書登録がされていれば、変換してすぐに住所が出ます。

まず、郵便番号辞書が一般の変換時にも使えるように設定しましょう。

❶ Windowsのタスクバーにある「あ」を右クリックし、[追加辞書サービス]から[辞書の設定]をクリックします。

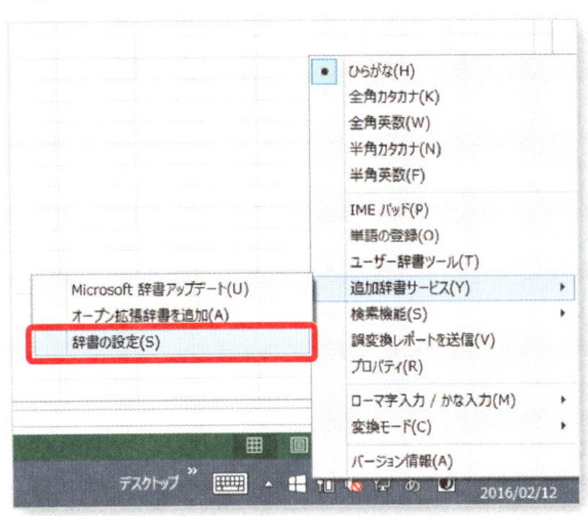

❷ [Microsoft IMEの詳細設定]画面が開いたら、[システム辞書]の[郵便番号辞書]にチェックを入れて、[OK]ボタンをクリックします。

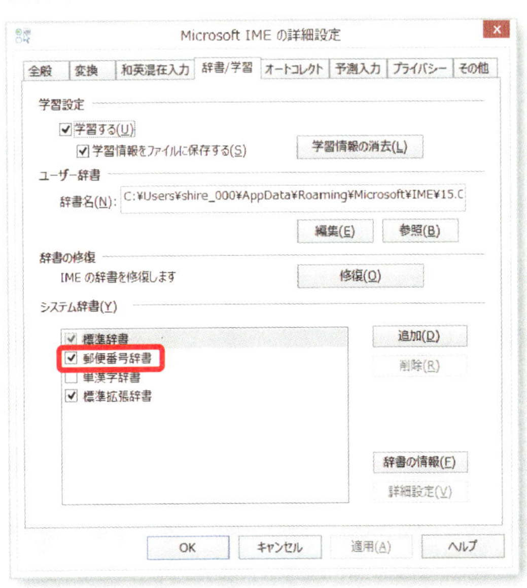

❸ 郵便番号を入力して変換すると、住所が表示されます。

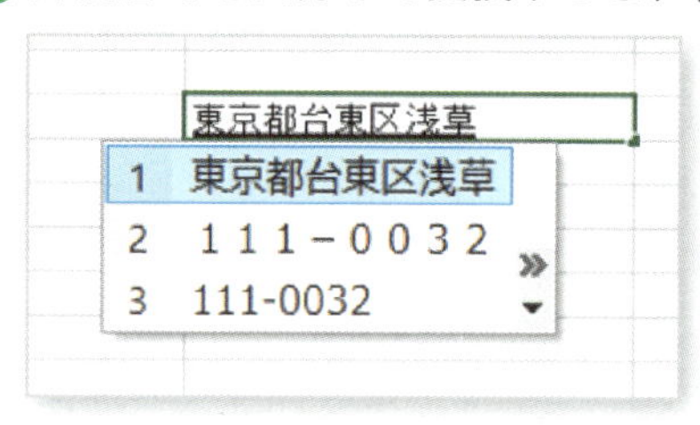

郵便番号変換を利用して入力したセルが持つフリガナは、郵便番号となります。

郵便番号のセルには、フリガナを取り出す関数であるPHONETIC関数を設定します。

❶ 郵便番号を表示したいセルを選択します。

❷ [数式] タブ ⇨ [関数ライブラリ] グループの [その他の関数] ⇨ [情報] から [PHONETIC] 関数を起動します。

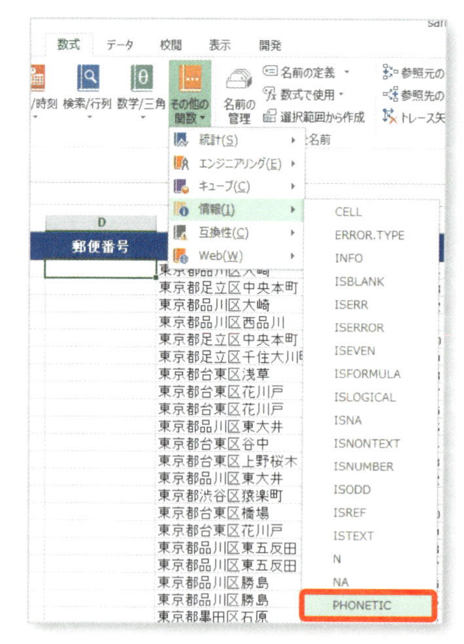

❸ ［関数の引数］画面の［参照］に、住所が入力されたセルを参照します。

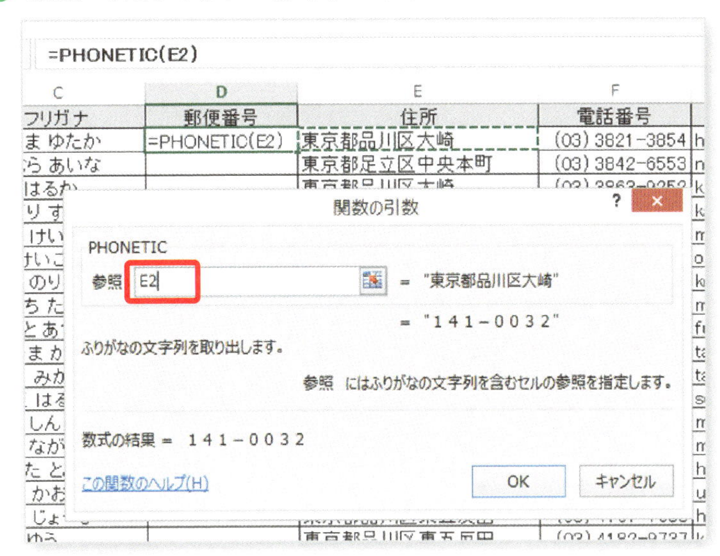

❹ ［OK］ボタンをクリックし、数式をコピーします（フィルハンドルをダブルクリック）。

これで、住所を入力しなくても、住所と郵便番号をまちがいなく表示することができます。

=PHONETIC(E2)

C	D	E
フリガナ	郵便番号	住所
ま ゆたか	141－0032	東京都品川区大崎
ら あいな	120－0011	東京都足立区中央本町
はるか	141－0032	東京都品川区大崎
り すすむ	141－0033	東京都品川区西品川
けいすけ	120－0011	東京都足立区中央本町
いこ	120－0031	東京都足立区千住大川町

でも、
フリガナとして表示した郵便番号は
全角、半角で表示したい！

そうなんです、半角で入力して変換しても、フリガナで取り出した郵便番号は全角になります。

半角で表示したい場合は、ASC関数を組み合わせましょう。ASC関数は、全角を半角に変換する関数です。

❶ 郵便番号を表示したいセルを選択します。

❷ ［数式］タブ ⇨［関数ライブラリ］グループの［文字列操作］から［ASC］関数を起動します。

❸ ［関数の引数］画面の［文字列］にカーソルを置き、名前ボックスから［PHONETIC］関数を起動します。

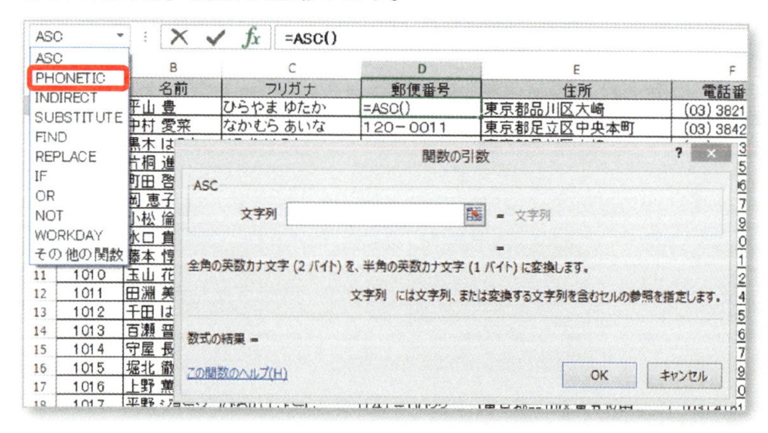

❹ [参照] に、住所が入力されたセルを参照します（ここでは E2)。

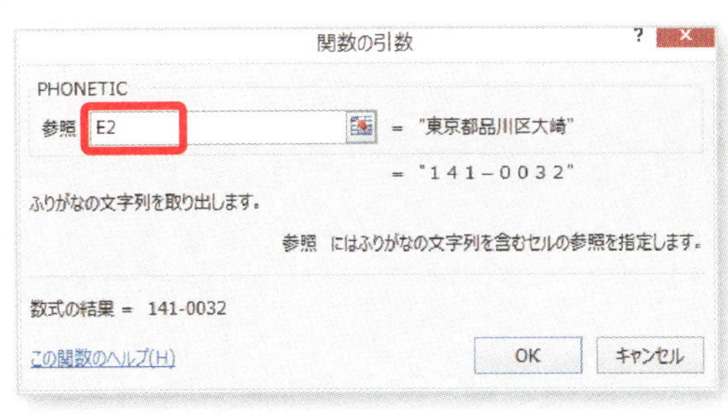

❺ 数式バーの「ASC」のスペル内をクリックして、画面を ASC 関数の [関数の引数] に戻します。

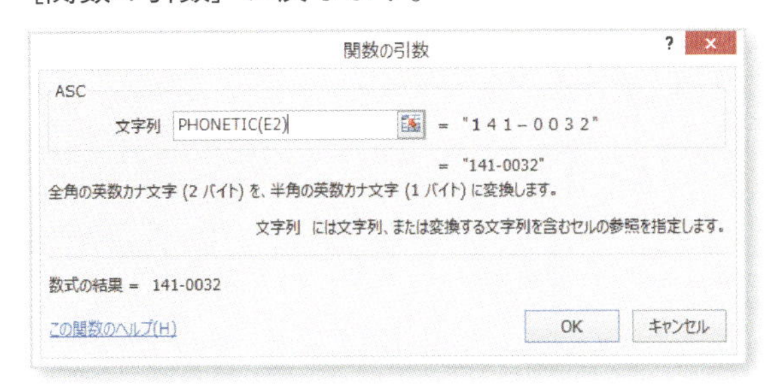

❻ [OK] ボタンをクリックして、数式をコピーします（フィルハンドルをダブルクリック)。

これで、郵便番号がすべて半角になります。

=ASC(PHONETIC(E2))

C	D	
フリガナ	郵便番号	
ま ゆたか	141-0032	東
ら あいな	120-0011	東
はるか	141-0032	東
り すすむ	141-0033	東
けいすけ	120-0011	東
けいこ	120-0031	東
のりこ	111-0032	東
ち たかね	111-0033	東
と あつし	111-0033	東
ま かろく	140-0011	東
みか	110-0001	東
はるか	110-0002	東

Section 03

住所はわかっていても、郵便番号がわからないときはどうすればいい？

これはよくいただく質問です。「ちゃんと郵便番号も記入してよ！」といいたくなりますよね。

郵便番号がわからないときは、住所を入力した後、入力した住所を選択して 変換 を押すと、再変換されたリストに郵便番号が表示されます。いちいち郵便番号を調べる手間がかからなくて助かります。

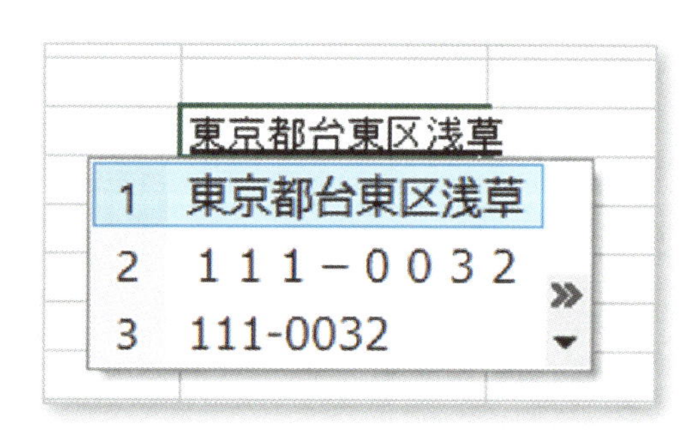

Space キーでは再変換が表示されないので気を付けましょう。

Section 04

会員名簿の年齢が入会時のまま……今現在の年齢を知りたいときは？

永久に二十歳のまま！　なんて、うれしいですが、そういうわけにはいきません。

常に今日の年齢が表示されるように、DATEDIF 関数を使いましょう。

1. 年齢を表示したいセルを選択します（ここでは I2）。
2. =DATEDIF(J2,TODAY(),"Y") と入力します。
3. Enter で確定し、数式をコピーします（フィルハンドルをダブルクリック）。

これで、年齢が表示されます。

fx　=DATEDIF(J2,TODAY(),"Y")

	H	I	J
	性別	年齢	誕生日
:om	男	28	1987/5/16
n	女	37	1978/3/13
	女	22	1993/12/10
om	男	43	1972/5/30
om	男	58	1957/10/26
	女	39	1976/12/18
m	女	28	1987/8/27
:om	男	24	1991/3/11

関数の部分を日本語にすると、以下のようになります。

DATEDIF(誕生日から,今日まで,"年数")

DATEDIF 関数は「期間を求める関数」です。関数ライブラリには表示されていないので、数式を半角で手入力します。

TODAY 関数は、「今日の日付を求める関数」です。

誕生日から今日までの期間を求め、どのように表示するかが3つ目の引数です。どのように表示させたいかによって、以下のアルファベットを"(ダブルクオーテーション)で囲んで指定します。

- 年数 ⇨ "Y"(年 = YEAR の「Y」)
- 月数 ⇨ "M"(月 = MONTH の「M」)
- 1 か月〜 12 か月まで ⇨ "YM"

Section 05

入会期間を「○年○か月」と求めたいけど、文字も同時に表示するにはどうするの？

○年○か月と表示するには、CONCATENATE関数を使うとラクですよ。

❶［数式］タブ ⇨［関数ライブラリ］グループの［文字列操作］から「CONCATENATE」関数を起動します。

❷次のように引数を入力します。

- 文字列1 ⇨ DATEDIF(K2,TODAY(),"Y"（期間を年数で求める）
- 文字列2 ⇨ 年（"は省略可能）
- 文字列3 ⇨ DATEDIF(K2,TODAY(),"YM"（期間を月で求める）
- 文字列4 ⇨ か月（"は省略可能）

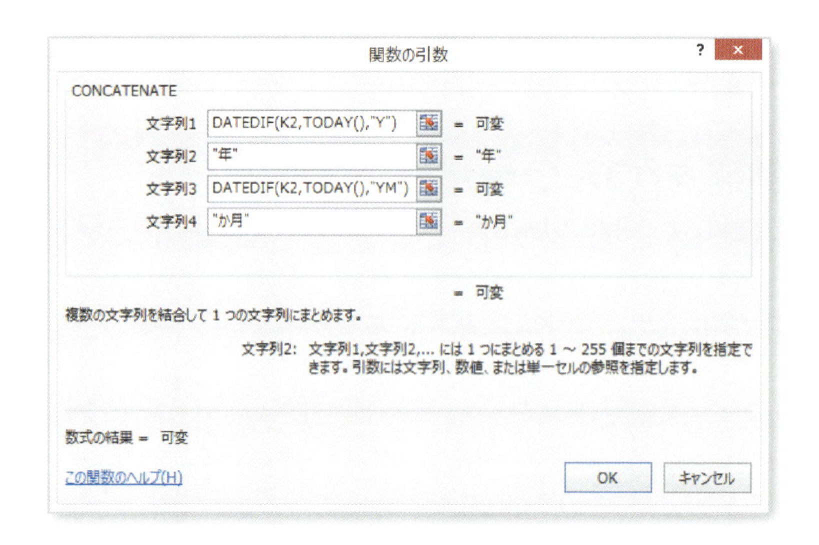

❸ [OK] ボタンをクリックして、数式をコピーします（フィルハンドルをダブルクリック）。

これで、会員期間が表示されます。

=CONCATENATE(DATEDIF(K2,TODAY(),"Y"),"年",DATEDIF(K2,TODAY(),"YM"),"か月")

	H	I	J	K	L	M
	性別	年齢	誕生日	入会年月日	会員期間	
.com	男	28	1987/5/16	2008/1/10	8年1か月	
om	女	37	1978/3/13	2008/9/15	7年4か月	
m	女	22	1993/12/10	2009/4/1	6年10か月	
com	男	43	1972/5/30	2009/6/25	6年7か月	
com	男	58	1957/10/26	2009/8/20	6年5か月	
	女	39	1976/12/18	2010/4/1	5年10か月	
om	女	28	1987/8/27	2010/5/25	5年8か月	
e.com	男	24	1991/3/11	2010/6/4	5年8か月	
com	男	33	1982/9/2	2010/11/25	5年2か月	

CONCATENATE 関数は、文字列を結合して表示する関数です。結合したい文字や数式・セル参照を引数に追加していきます。

Section 06

大量の顧客名簿から 1人のお客様の電話番号を探すって、大変……素早く見つけるには？

「だれだれの電話番号は？」と聞かれて、なかなか探せない。

「早くしろよ！」なんて言われると、さらに焦ってしまって、見つからない。

トロイ奴！　なんて思われたくないですよね。

会員No.（ナンバー）を入力すると、該当する顧客のデータを名簿から抜き出して表示してくれる関数があります。うまく利用して、瞬時に情報を表示しましょう。

会員No.を入力すると情報が表示される

A2　fx　1017

	A	B
1	会員No.を入力してください。	
2	1017	
3		
4	氏名	平野 ジョージ
5	フリガナ	ヒラノ ジョージ
6	住所	東京都品川区東五反田
7	年齢	44
8	電話番号	(03) 4161-7038
9	メールアドレス	hirano_george@example.com

⊕会員 No. に入力ミスがある場合、メッセージが表示される

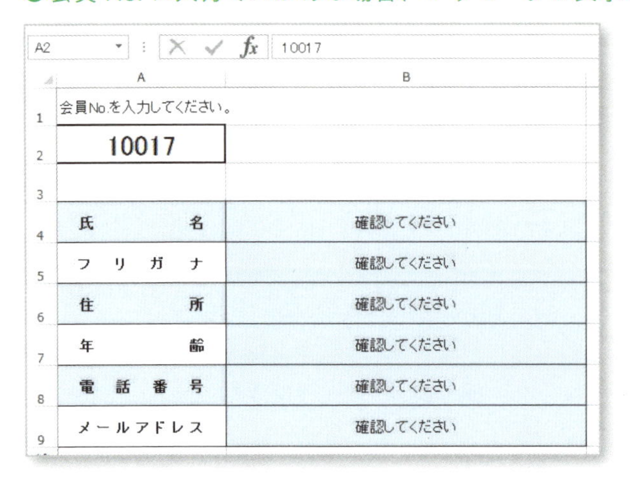

まずはリスト形式の名簿に、名前を定義しましょう。

❶ 1 行目の項目（A1 ～ L1）を選択します。

❷ 名前ボックスに「項目名」と入力して、名前を定義します。

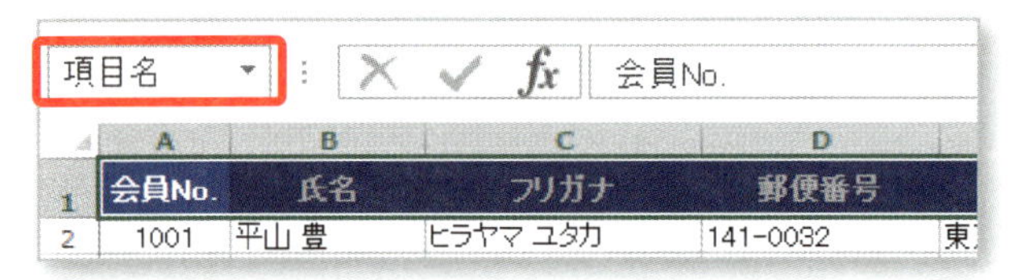

表全体にも、名前を定義します。

❶ Ctrl ＋ A で表全体を選択します。

❷ 名前ボックスに「顧客名簿」を入力して、名前を定義します。

これで準備ができました。

次は、会員 No. が空白、または名簿にない No. を入力したときにエラー

が表示されないように、エラー回避の関数 IFERROR 関数と、会員 No. を基準に該当するデータを表示する VLOOKUP 関数を組み合わせて式を作成します。

❶ 氏名を表示したいセルをクリックして選択します（ここでは Q62-64 シートの B4）。

❷ ［数式］タブ ⇨［関数ライブラリ］グループの［論理］から［IFERROR］関数を起動します。

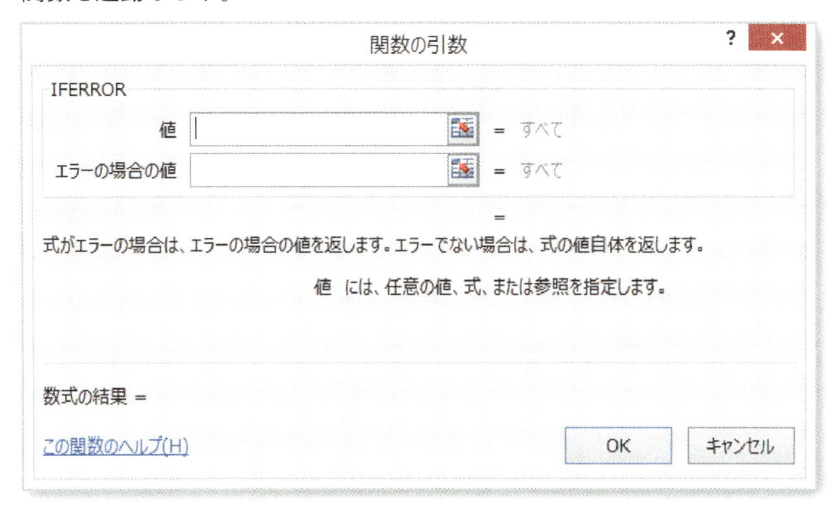

❸ ［値］の枠内にカーソルを置き、名前ボックスから VLOOKUP 関数（［検索／行列］関数）を起動して、以下のように入力します。

- 検索値 ⇨ $A$2（探したい顧客 No. を入力するセルを選択し、F4 で絶対参照に）
- 範囲 ⇨ 顧客名簿（ F3 を押して、定義された名前の一覧から選択）

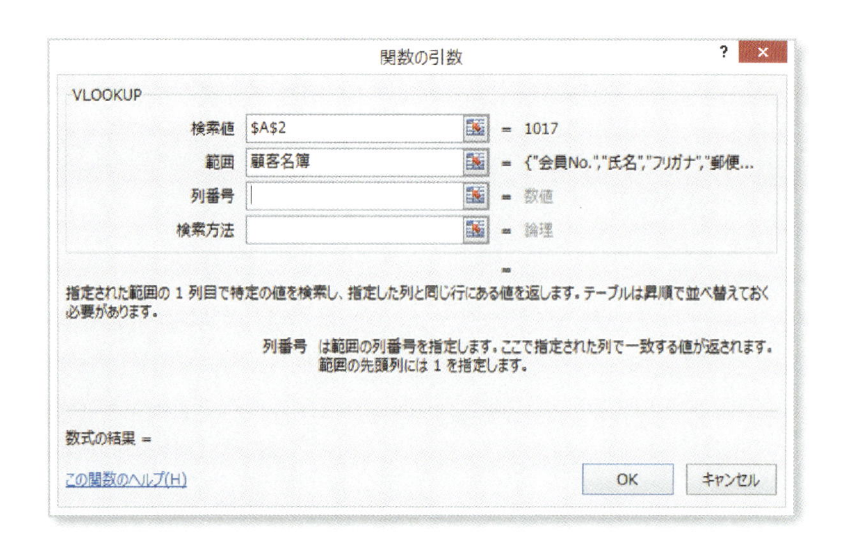

列番号には、会員名簿の左から何列目にある情報を表示したいのか、列数を入力します。このとき、氏名が項目名の左から何列目にあるのか、列数を求めるために、MATCH 関数を使用します。

❹ 名前ボックスから MATCH 関数（[検索／行列] 関数）を起動し、以下のように入力します。

- 検査値　　 ⇨ A4（表示したい項目が入力されているセル）
- 検査範囲　 ⇨ 項目名（ F3 を押して、定義された名前の一覧から選択）
- 照合の種類 ⇨「0」または「FALSE」（完全一致のデータを求める）

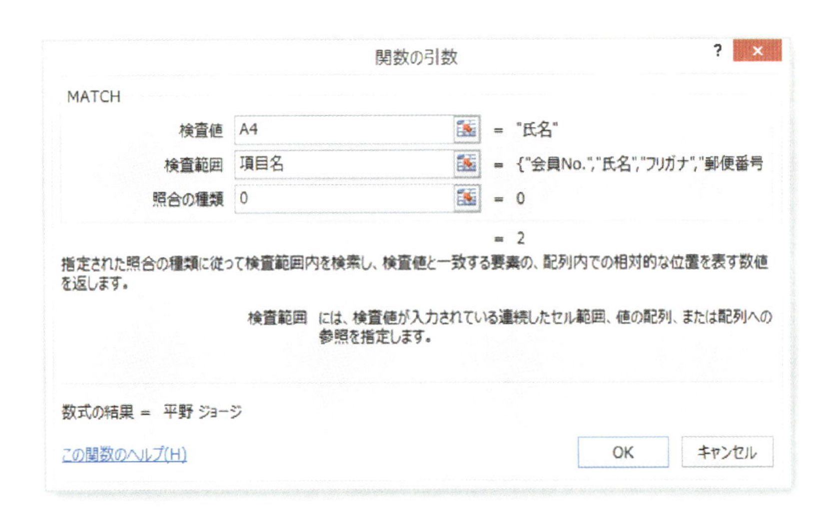

5 数式バーの「VLOOKUP」のスペル内をクリックして、VLOOKUP関数の引数画面に戻ります。

6 検索方法の枠内をクリックして、「0」または「FALSE」を入力します(完全一致のデータを求めます)。

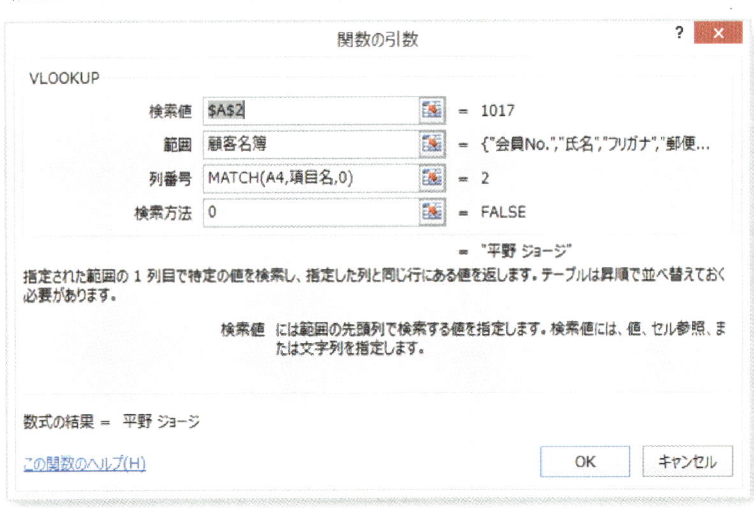

7 数式バーの「IFERROR」のスペル内をクリックして、IFERROR 関数の引数画面に戻ります。

8 [エラーの場合の値] に「"確認してください"」と入力して、[OK] ボタンをクリックします。

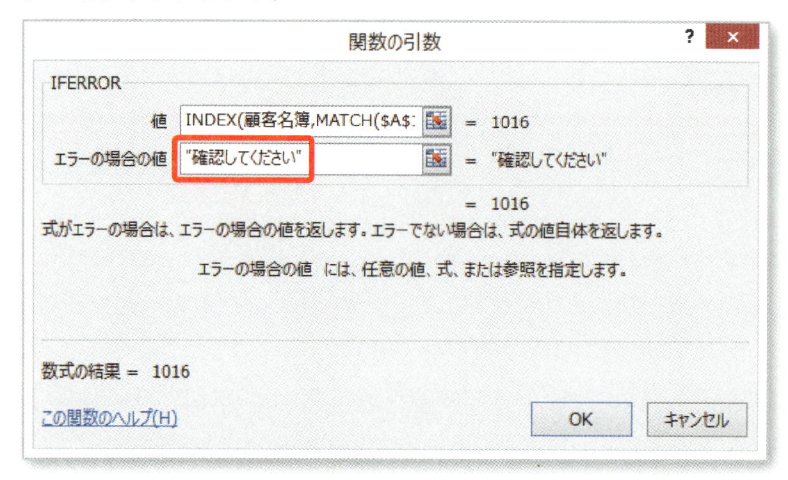

何も表示したくない場合は、""（ダブルクオーテーション２つ）を入力して空白にしておいてもいいですね。

数式をコピーして、その他の項目も表示しましょう。

Section 07

顧客No.がわからないときに、氏名で検索することもできる?

顧客No.で問い合わせがくるより、名前で聞かれることのほうが多いかもしれませんね。

VLOOKUP関数は、表の一番左にあるデータで検索を行います。検索をする範囲から顧客No.の列を省いて指定することで、2列目にある氏名で検索できます。が、顧客No.を検索結果に表示することはできなくなります。

行番号と列番号の交叉するセルにある値を求めるには、INDEX関数を使いましょう。そのとき、行番号と列番号を求めるために、MATCH関数を組み合わせて使います。

まず、表全体を選択（Ctrl + A）し、選択範囲から、各列の名前を定義しておきます（[数式] タブ ⇨ [定義された名前] グループ ⇨ [選択範囲から作成]）。

❶ 会員 No. を表示したいセル B14 を選択して、[数式] タブ ⇨ [論理] から [IFERROR] 関数を起動します。

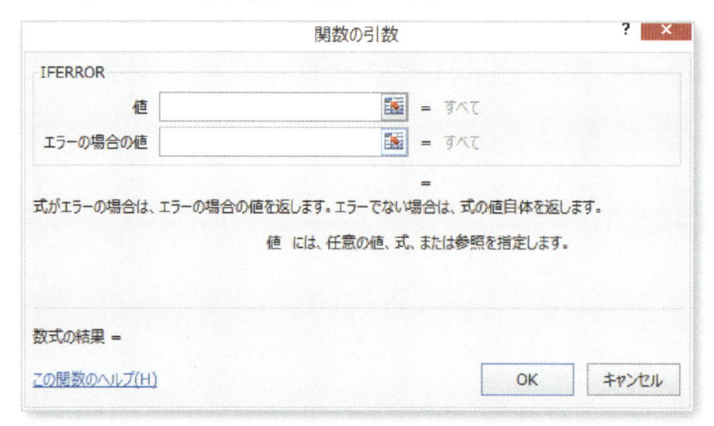

❷ 値の枠内にカーソルを置き、名前ボックスから INDEX 関数を起動します。

❸ 引数の選択画面が表示されたら、[配列] [行番号] [列番号] が選択されているのを確認して、[OK] をクリックします。

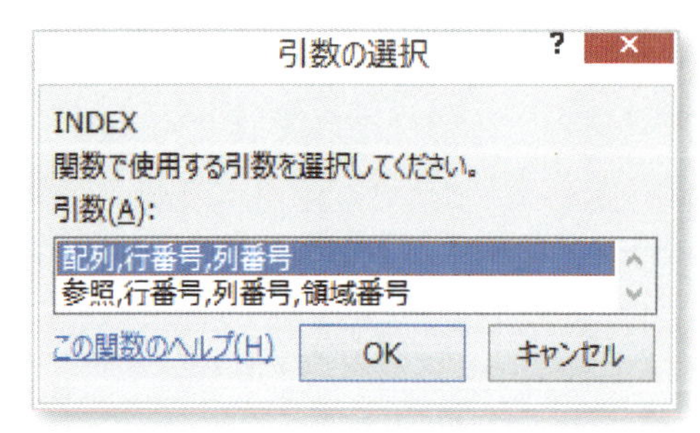

❹ [関数の引数] 画面の [配列] にカーソルを置き、F3 を押して、定義された名前の一覧から「顧客名簿」を選択します。

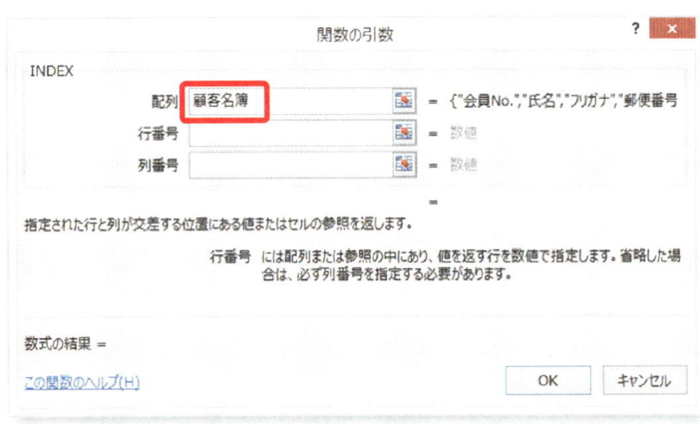

❺ [行番号] の枠内にカーソルを置き、名前ボックスから「MATCH」関数を起動し、引数を以下のように入力します。

- 検索値 ⇨ $A$12（探したい顧客のフリガナを入力したセルを選択し、F4 で絶対参照に）
- 検査範囲 ⇨ フリガナ（F3 を押して、定義された名前の一覧から選択）
- 照合の種類 ⇨「0」または「FALSE」

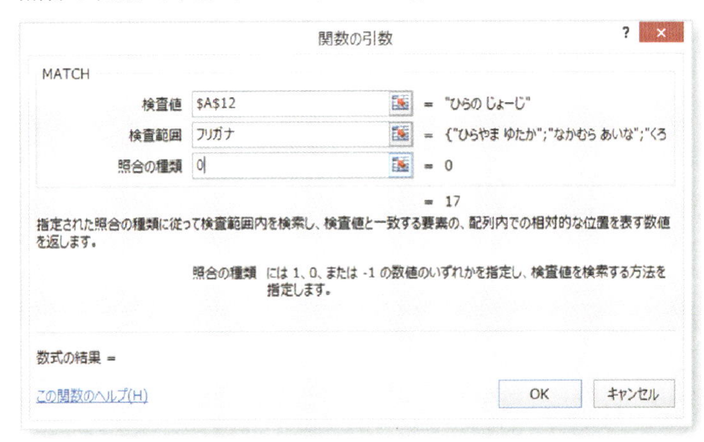

❻ 数式バーの「INDEX」のスペル内をクリックして、INDEX関数の［関数の引数］画面に戻ります。

❼［列番号］の枠内にカーソルを表示し、名前ボックスからMATCH関数を起動して、以下のように引数を入力します。

- 検査値　⇨ A14（表示したい項目名が入力されているセル）
- 検査範囲　⇨ 項目名（F3を押して、定義された名前の一覧から選択）
- 照合の種類 ⇨「0」または「FALSE」

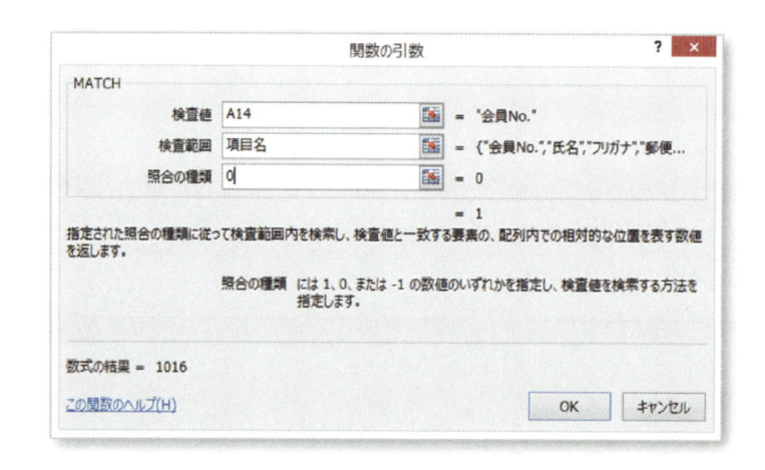

❽ 数式バーの「INDEX」のスペル内をクリックして、INDEX 関数の［関数の引数］画面に戻り、結果が表示されているのを確認します。

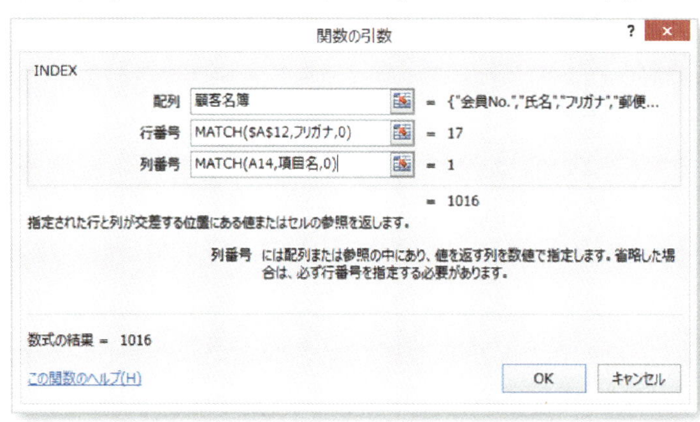

❾ 数式バーの「IFERROR」のスペル内をクリックして、IFERROR 関数の［関数の引数］画面に戻ります。

❿［エラーの場合の値］に「"確認してください"」と入力して、［OK］ボタンをクリックします。

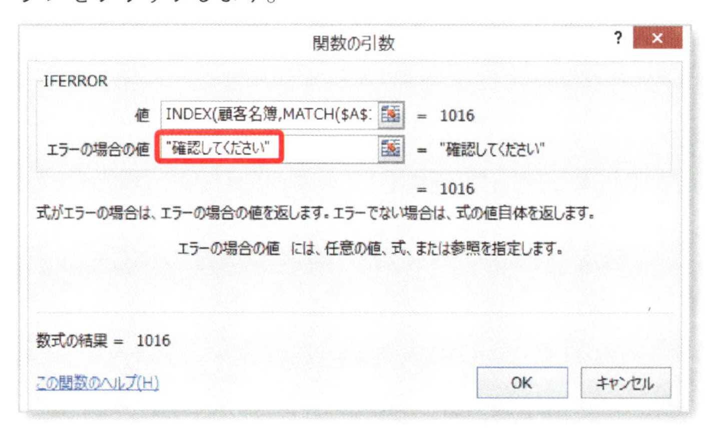

⑪ 数式をコピーして、すべての情報を表示します。

これで、氏名で検索することができます。

11	フリガナを入力してください。	
12	ヒラノ ジョージ	
13		
14	会　員　No.	1017
15	氏　名	平野 ジョージ
16	住　所	東京都品川区東五反田
17	年　齢	44
18	電　話　番　号	341617038
19	メールアドレス	hirano_george@example.com
20		

Section 08

フリガナで検索したら同姓同名がいた！どうしよう……

会員 No. が重複するケースはないけれど、フリガナは同姓同名がいる可能性がありますね。漢字の氏名で検索すれば、重複する可能性は減りますが、絶対ではありません。

そういった場合は、検索条件を複数にしましょう。フリガナと誕生日のように、複数の条件を満たしたデータを検索するには、DGET 関数を使います。

1. 会員 No. を表示したいセル B25 を選択し、Shift ＋ F3 を押して、[関数の挿入] 画面を表示します（データベース関数は、[数式] タブに表示されていません）。
2. 関数の分類「データベース」から DGET 関数を起動します。

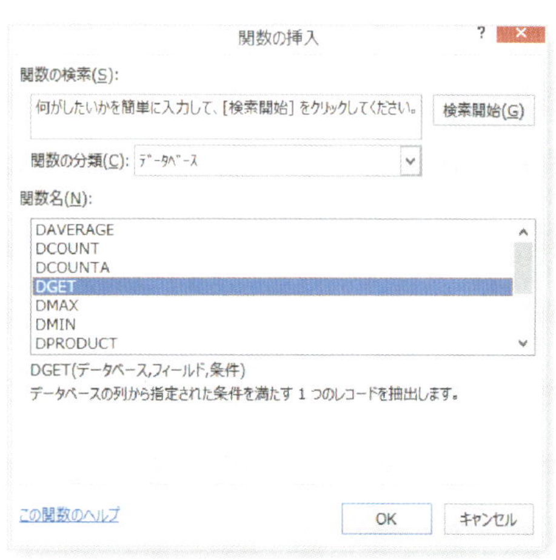

❸ DGET 関数の［関数の引数］画面の［データベース］の枠内にカーソルを置き、F3 を押して、定義された名前の一覧から「顧客名簿」を選択します。

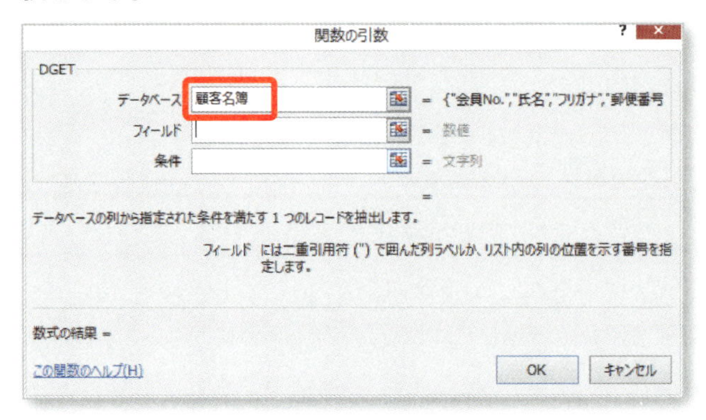

❹［フィールド］の枠内にカーソルを置き、名前ボックスから MATCH 関数を起動し、以下のように引数を入力します。

- 検査値　　⇨ A25（表示したい項目名が入力されているセル）
- 検査範囲　⇨ 項目名（ F3 を押して、定義された名前の一覧から選択）
- 照合の種類 ⇨「0」または「FALSE」

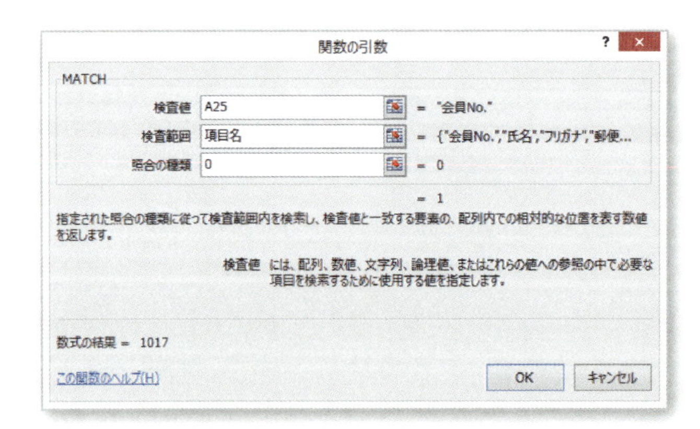

5 数式バーの「DGET」のスペル内をクリックして、DGET関数の［関数の引数］画面に戻ります。

6 ［条件］の枠内にカーソルを置き、条件が入力されている範囲とその項目名を含めて選択します。

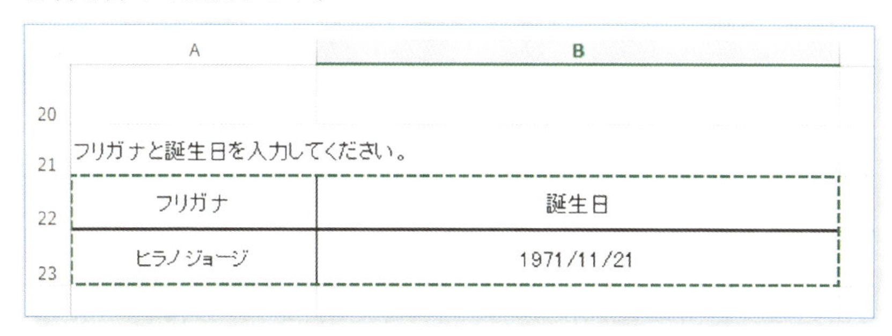

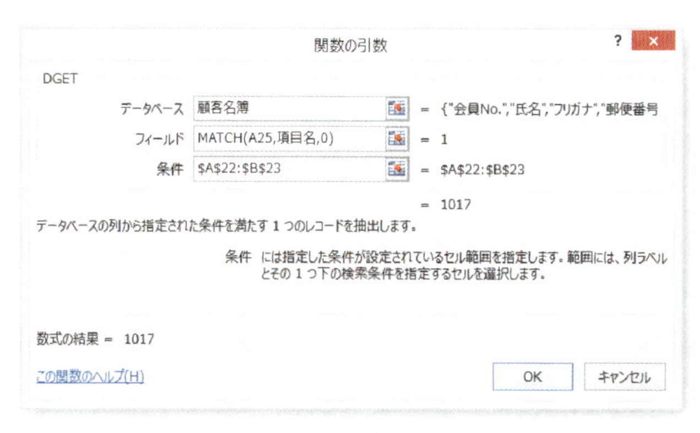

7 ［OK］をクリックして、数式をコピーします。

これで、複数の条件を満たしたデータを検索できます。

20		
21	フリガナと誕生日を入力してください。	
22	フリガナ	誕生日
23	ヒラノジョージ	1971/11/21
24		
25	会員No.	1017
26	氏名	平野 ジョージ
27	住所	東京都品川区東五反田
28	年齢	44
29	電話番号	341617038
30	メールアドレス	hirano_george@example.com
31		

条件の項目名と内容を変更することで、さまざまな条件に変更することができます。

また、条件を増やすこともできます。条件を追加した場合は、条件の範囲を拡張しておきましょう。

条件を同じ行に設定することで、AND条件となります。

Section 09

成績表の順位にミスがある！まちがいなく表示するには？

社員研修の評価など、順位にミスがあると大変です。順位をつけるには、RANK.EQ 関数を使いましょう。

この場合も、表全体を選択して、選択範囲から名前を定義しておくと、数式がシンプルでわかりやすくなります。

	A	B	C	D	E	F	G	H	I
1	社内研修結果								
2									
3	社員	氏名	区分	責任感	判断力	知識力	協調性	合計	順位
4	20130101	藤本 惇	A	64	76	72	84	296	9
5	20130102	神谷 知史	A	36	44	16	48	144	43
6	20130103	大原 春樹	D	44	36	48	60	188	39
7	20130104	満島 優	D	56	48	40	56	200	37
8	20130105	守屋 長利	C	64	88	60	76	288	14
9	20130106	菅原 仁	A	48	72	80	68	268	19
10	20130107	堤 一輝	C	24	8	35	12	79	45
11	20130108	立花 真希	A	76	24	60	52	212	36
12	20130109	田辺 あい	E	64	52	32	48	196	38
13	20130110	菊池 由宇	E	40	72	72	96	280	18
14	20130111	玉山 花緑	A	76	72	68	80	296	9
15	20130112	小松 倫子	D	56	96	80	76	308	7
16	20130113	村木 綾女	D	64	64	68	72	268	19
17	20130114	生瀬 未華子	E	76	56	56	60	248	25
18	20130115	松村 まさし	E	48	64	48	68	228	31
19	20130116	町田 啓介	A	72	100	68	84	324	5

❶ 順位を表示したいセル（ここでは I4）を選択します。

❷［その他の関数］の［統計］から［RANK.EQ］関数を起動します。

❸ 次のように引数を入力します。

- 数値 ⇨ H4（順位を求めたい人の合計点のセル）
- 参照 ⇨ 合計（F3 を押して、定義された名前の一覧から選択。名前を定義していない場合は、範囲を選択して、F4 で絶対参照に）
- 順序 ⇨ 0（省略可能）

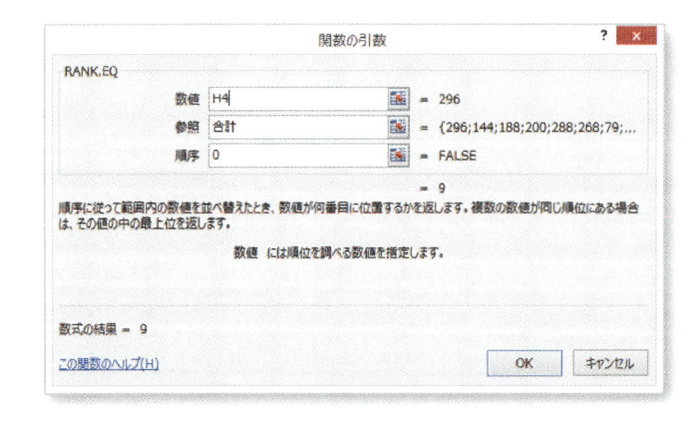

❹［OK］をクリックして、数式をコピーします。

Section 10

一覧表になっていない複数の表から、全体の順位は求められるの？

成績表が一覧表になっている場合はRANK.EQ関数でかんたんに順位を求められますが、課ごとに分かれている場合など、表を統合する手間がかかります。また、RANK.EQ関数の引数「参照」には、複数の範囲を指定することができません。

そこで、順位をつけたい複数の表の合計点数のセルを選択し、名前を定義することで、RANK.EQ関数の引数に複数範囲を指定できるようになります。

1 順位を求めたい合計点が表示されている複数範囲を、Ctrl を押しながら選択します。

社内研修結果

社員	氏名	区分	責任感	判断力	知識力	協調性	合計	順位	全体順位
20130102	神谷 知史	A	36	44	16	48	144	7	
20130106	菅原 仁	A	48	72	80	68	268	2	
20130108	立花 高希	A	76	24	60	52	212	6	
20130118	平野 ジョージ	A	96	68	48	72	284	1	
20130124	西尾 里穂	A	56	68	36	72	232	4	
20130129	牧野 さゆり	A	60	48	52	64	224	5	
20130139	青野 彩華	A	52	60	60	80	252	3	
平均			60.6	54.9	50.3	65.1	230.9		

社員	氏名	区分	責任感	判断力	知識力	協調性	合計	順位
20130122	田淵 美佳	B	64	84	76	72	296	2
20130125	千田 はるか	B	68	56	88	84	296	2
20130127	岸 建	B	36	44	40	52	180	7
20130130	前田 桃子	B	60	72	48	64	244	4
20130132	田中 克則	B	64	44	28	52	188	6
20130138	関 恵子	B	72	76	88	84	320	1
20130141	玉城 ヒロ	B	60	52	64	40	216	5
平均			60.6	61.1	62.3	64.0	248.6	

社員	氏名	区分	責任感	判断力	知識力	協調性	合計	順位
20130105	守屋 長利	C	64	88	60	76	288	2
20130107	堤 一輝	C	24	8	35	12	79	7
20130119	片桐 進	C	88	64	88	92	332	1
20130120	岸部 典	C	32	27	24	40	123	6
20130134	寺田 裕司	C	44	72	44	60	220	5

❷ 名前ボックスに「合計一覧」と名前を定義します。
❸ 全体順位を求めたいセル（ここでは J3）を選択します。
❹［その他の関数］の［統計］から［RANK.EQ］関数を起動します。

❺ 次のように引数を入力します。

- 数値　⇨　H3（順位を求めたい人の合計点のセル）
- 参照　⇨　合計一覧（F3 を押して、定義された名前の一覧から選択）
- 順序　⇨　0（省略可能）

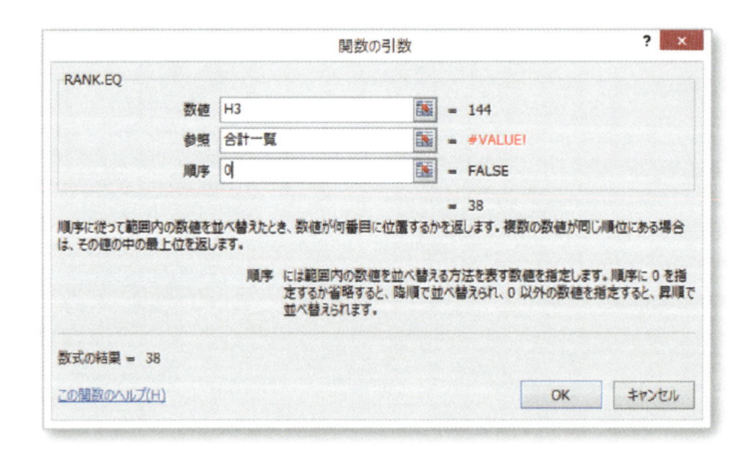

❻［OK］ボタンをクリックします。

❼順位が出たセルを Ctrl ＋ C でコピーします。

	区分	責任感	判断力	知識力	協調性	合計	順位	全体順位
1								
2	区分	責任感	判断力	知識力	協調性	合計	順位	全体順位
3	A	36	44	16	48	144	7	38
4	A	48	72	80	68	268	2	
5	A	76	24	60	52	212	6	
6	A	96	68	48	72	284	1	
7	A	56	68	36	72	232	4	
8	A	60	48	52	64	224	5	
9	A	52	60	60	80	252	3	
10		60.6	54.9	50.3	65.1	230.9		
11								
12	区分	責任感	判断力	知識力	協調性	合計	順位	
13	B	64	84	76	72	296	2	
14	B	68	56	88	84	296	2	
15	B	36	44	48	52	180	7	
16	B	60	72	48	64	244	4	
17	B	64	44	28	52	188	6	
18	B	72	76	88	84	320	1	

❽数式を入れたいセルすべてを選択して、Enter で貼り付けます。

I	J
順位	全体順位
7	38
2	15
6	31
1	13
4	25
5	28
3	19
順位	
2	8
2	8
7	36
4	21
6	34
1	5
5	30
順位	
2	11

Section 11

各教科から、
ベスト5の点数を知りたいときは？

順位ではなく、成績の一覧表から1位の点数、2位の点数……と取り出すのですね。その場合は、LARGE関数を使います。

逆に、ワースト5の点数を知りたいときは、SMALL関数を使います。

LARGE関数

教科別ベスト5	責任感	判断力	知識力	協調性
1	96	100	100	100
2	88	96	100	100
3	84	88	92	96
4	84	88	88	96
5	80	88	88	92

SMALL関数

教科別ワースト5	責任感	判断力	知識力	協調性
1	24	8	16	12
2	24	24	24	40
3	32	27	28	40
4	36	32	32	48
5	36	36	35	48

ここでは、「責任感」が1位の点数を知りたい場合を例に、やり方を見てみましょう。

❶ 責任感の1位の点数を表示したいセルを選択します（ここではL5）。
❷ [その他の関数] の [統計] から [LARGE] 関数を起動します。

❸ 以下のように引数を入力します。

- 配列 ⇨ D$4:D$48（責任感の点数が入力されている範囲をドラッグして、行の絶対参照に）
- 順位 ⇨ $K5（1位の順位が入力されているセルを選択して、列の絶対参照に）

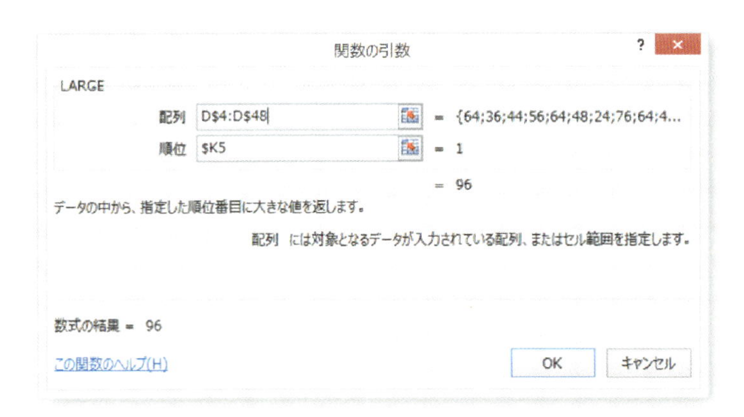

❹ 数式を縦・横にコピーします。

LARGE関数

教科別ベスト5	責任感	判断力	知識力	協調性
1	96			
2	88			
3	84			
4	84			
5	80			

LARGE関数

教科別ベスト5	責任感	判断力	知識力	協調性
1	96	100	100	100
2	88	96	100	100
3	84	88	92	96
4	84	88	88	96
5	80	88	88	92

配列に指定する範囲は、責任感～協調性まで、列が横にずれるようにします。行が下にずれると検索する列がわからなくなるので、行を絶対参照にします。

順位に指定する範囲は、1位～5位まで行がずれるようにします。列が右にずれると順位がわからなくなるので、列を絶対参照にします。

定義された名前の範囲は、行列ともに絶対参照になるので、ここでは使えません。

数式を縦・横にコピーする場合は、行と列の絶対参照に注意してください。

まったく同じ方法でSMALL関数を使えば、ワースト5を求めることができます。

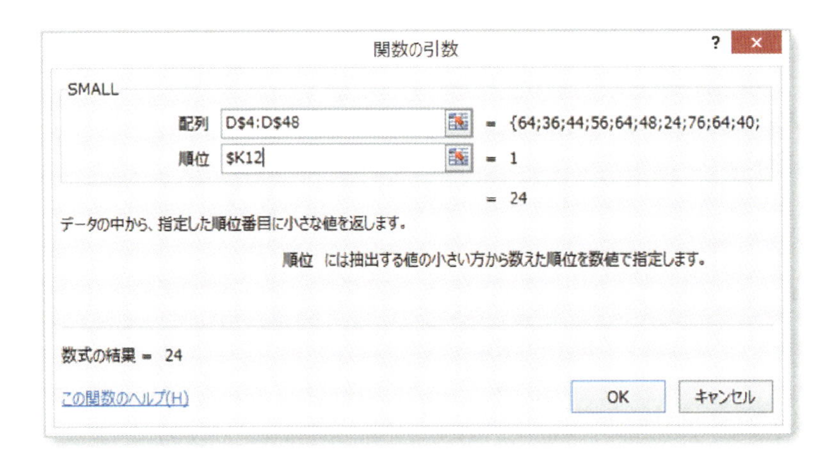

L12　=SMALL(D$4:D$48,$K12)

SMALL関数

教科別ワースト5	責任感	判断力	知識力	協調性
1	24	8	16	12
2	24	24	24	40
3	32	27	28	40
4	36	32	32	48
5	36	36	35	48

Section 12

ベスト5やワースト5の数値を取り出せたけど、氏名を表示したい場合はどうするの？

そうですよね、点数だけではだれが1位かわかりません。

氏名を取り出すには、表の左から2列にある氏名の列の何行目に1位の方がいるのか調べなければなりません。そして、「2列目の何行目」が交叉したところの氏名を表示することとなります。

ということは、会員検索のときに学んだ、INDEX関数とMATCH関数の出番です。

INDEX関数は、行番号と列番号を指定するだけです。列番号は「左から2列目」とわかっていますが、1位の方が何行目に入力されているのかがわかりません。

そこで、行数を求めるために、MATCH関数を使います。ただ、MATCH関数は、指定したデータが何行目にあるかを求めてくれますが、何点が1位なのかがわかりません。合計点の中から1位の点数を探して、その点数が入力されているセルの行番号を調べなければなりません。1位の点数を調べるのは、LARGE関数です。

INDEX関数、MATCH関数、LARGE関数を組み合わせて求めましょう。

❶ 1位の氏名を表示したいセルを選択します（ここではL21）。

❷［検索／行列］から、［INDEX］関数を起動します。

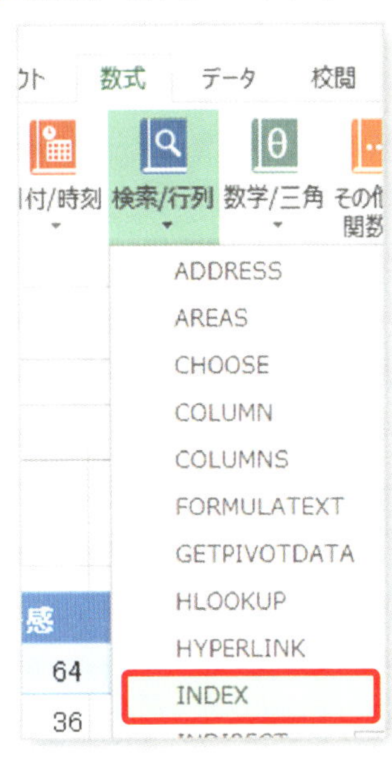

❸［引数の選択］画面が表示されたら、「配列 , 列番号 , 行番号」が選択されているのを確認して、［OK］をクリックします。

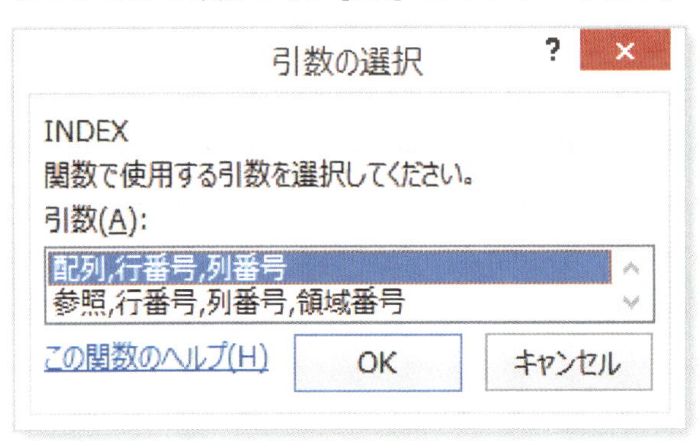

❹ 配列の引数に、項目行を含まない表全体を選択（A4 を選択した後、Ctrl ＋ Shift ＋ ↓ ＋ →）し、絶対参照にします（ここでは、$A$4:$I$48）。

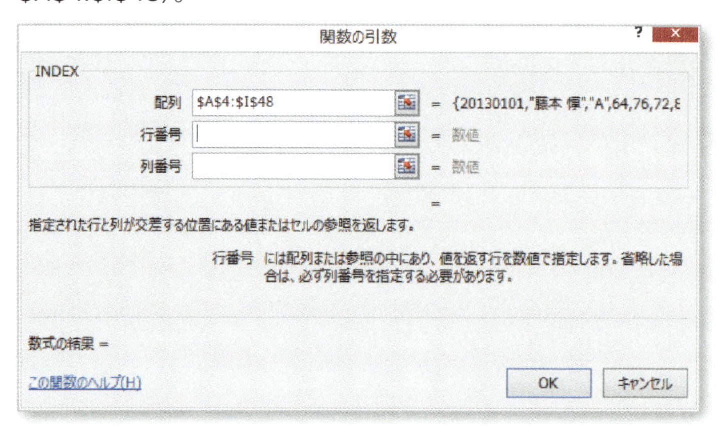

❺［行番号］の枠内にカーソルを置き、名前ボックスから MATCH 関数を起動します。

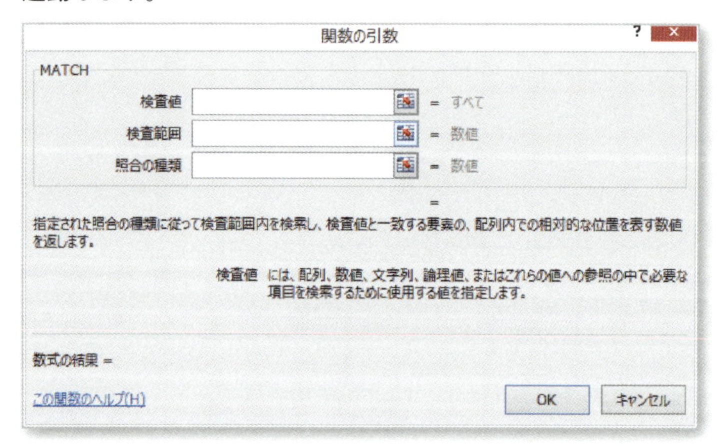

❻［検査値］の枠内にカーソルを置き、名前ボックスから LARGE 関数を起動します。

7 LARGE 関数の引数に、次のように入力します。

- 配列 ⇨ 合計（F3 を押して、名前定義された一覧から選択）
- 順位 ⇨ K21（1位の「1」と入力されたセル）

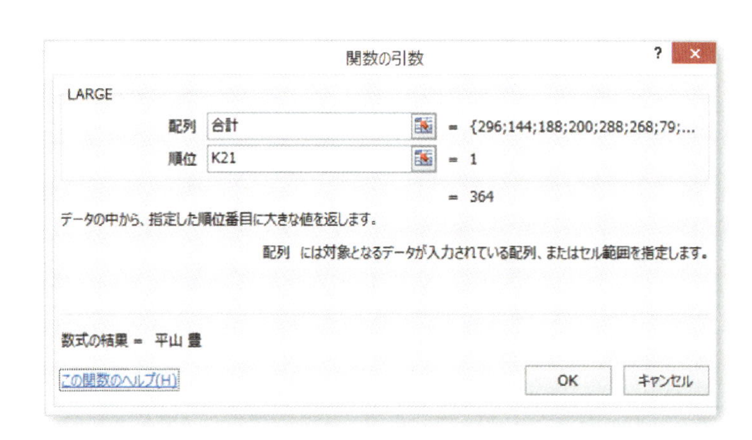

8 数式バーの「MATCH」のスペル内をクリックして、MATCH 関数の引数画面に戻ります。

⑨ MATCH 関数の引数に、以下のように入力します。

- 検査範囲　⇨合計（F3 を押して、定義された名前の一覧から選択）
- 照合の種類 ⇨0

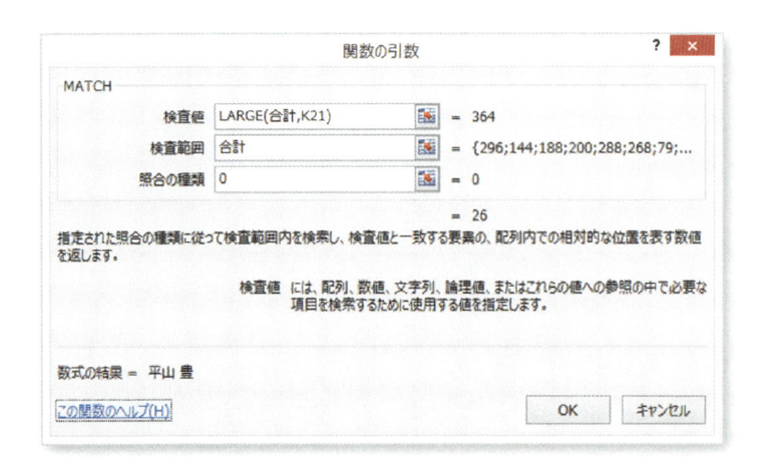

⑩ 数式バーの「INDEX」のスペル内をクリックして、INDEX 関数の［関数の引数］画面に戻ります。
⑪［引数の選択］画面が表示されたら、そのまま［OK］をクリックします。
⑫ 引数の［列番号］に「2」と入力します。

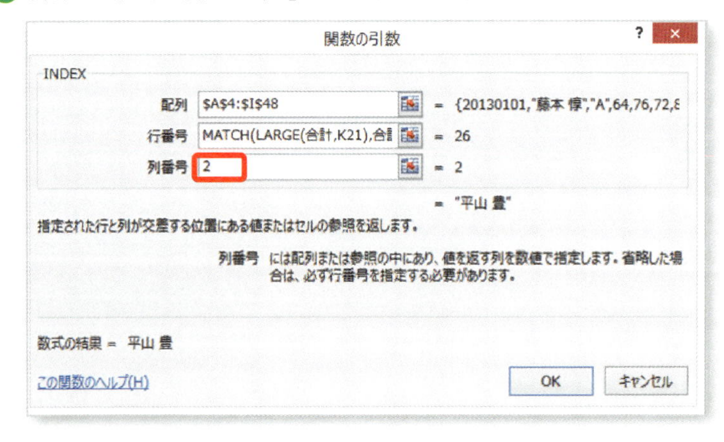

⑬［OK］をクリックして、数式をコピーします。

これで、氏名も表示できます。

=INDEX($A$4:$I$48,MATCH(LARGE(合計,K21),合計,0),2)

	I	J	K	L
228	31			
324	5		ベスト5の5名	
148	42			氏名
284	17		1	平山 豊
332	4		2	中村 愛菜
123	44		3	黒木 はるか
348	3		4	片桐 進
296	9		5	町田 啓介

Section 13

成績表の点数ごとに人数をまとめるにはどうすればいい？

同じ点数の人が何人いるか、分布を見るということですね。

たとえば、1問2点で、100点満点の試験結果があると考えてみましょう。「社員コード」には、総合得点・順位がすでに求められています。

このとき、点数ごとの人数を求める表を作成しましょう。B2以降のデータには「総合得点」の名前を定義しておきます。

	A	B	C	D	E	F	G	H	I
1	社員コード	総合得点	順位		点数	人数	順位	割合	
2	20130101	70	44		100				
3	20130102	46	398		98				
4	20130103	34	662		96				
5	20130104	22	871		94				
6	20130105	44	440		92				
7	20130106	36	616		90				
8	20130107	14	897		88				
9	20130108	32	713		86				
10	20130109	36	616		84				
11	20130110	36	616		82				
12	20130111	60	140		80				
13	20130112	34	662		78				
14	20130113	54	231		76				
15	20130114	50	302		74				
16	20130115	34	662		72				
17	20130116	34	662		70				
18	20130117	26	828		68				
19	20130118	34	662		66				
20	20130119	40	534		64				
21	20130120	42	496		62				
22	20130121	44	440		60				
23	20130122	32	713		58				
24	20130123	36	616		56				
25	20130124	34	662		54				
26	20130125	40	534		52				

❶ 100点の人数を求めたいセルを選択します（ここではF2）。

❷［その他の関数］の［統計］から［COUNTIF］関数を起動します。

❸ 次のように引数を入力します。

- 範囲　　 ⇨ 総合得点（F3 を押して、定義された名前の一覧から選択）
- 検索条件 ⇨ E2（求めたい人数の点数が入力されているセル）

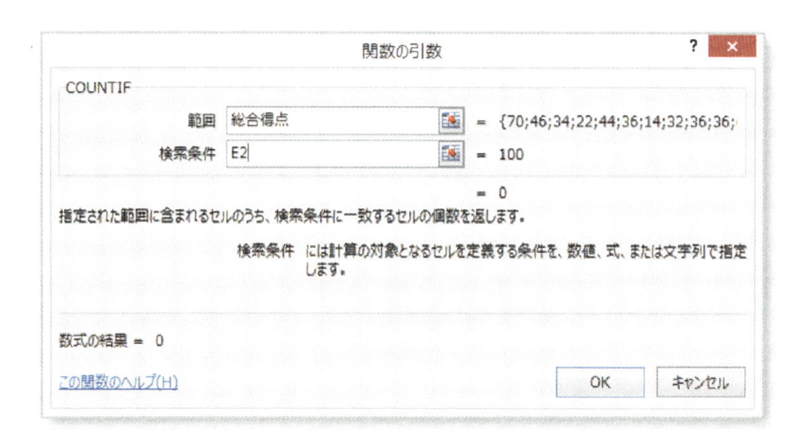

❹［OK］をクリックして、数式をコピーします。

これで、B 列に入力されている得点の中で、E 列の指定した点数と同じ点数のセルの数が求められます。

F2　=COUNTIF(総合得点,E2)

	A	B	C	D	E	F
1	社員コード	総合得点	順位		点数	人数
2	20130101	70	44		100	0
3	20130102	46	398		98	0
4	20130103	34	662		96	0
5	20130104	22	871		94	1
6	20130105	44	440		92	0
7	20130106	36	616		90	1
8	20130107	14	897		88	1
9	20130108	32	713		86	0
10	20130109	36	616		84	0
11	20130110	36	616		82	4
12	20130111	60	140		80	2
13	20130112	34	662		78	3
14	20130113	54	231		76	11
15	20130114	50	302		74	7
16	20130115	34	662		72	13
17	20130116	34	662		70	21
18	20130117	26	828		68	12
19	20130118	34	662		66	17
20	20130119	40	534		64	19
21	20130120	42	496		62	27
22	20130121	44	440		60	33
23	20130122	32	713		58	26
24	20130123	36	616		56	32
25	20130124	34	662		54	34
26	20130125	40	534		52	37
27	20130126	56	199		50	48
28	20130127	36	616		48	48
29	20130128	52	265		46	42
30	20130129	46	398		44	56

「0」を表示したくない場合は、表示形式を「#」に変更しておきましょう。

FREQUENCY 関数

分布は、統計関数の FREQUENCY 関数を使うことでも求められます。

まず、点数の 100 ～ 0 のデータ範囲に「点数」と名前を定義しておきましょう。

❶ 分布を求めたい範囲（F2 ～ F52）を範囲指定します。

❷ [その他の関数] の [統計] から [FREQUENCY] 関数を起動し、引数に次のように入力します。

- データ配列　⇨　総合得点
- 区間配列　⇨　点数

※どちらも、F3 を押して、定義された名前の一覧から選択

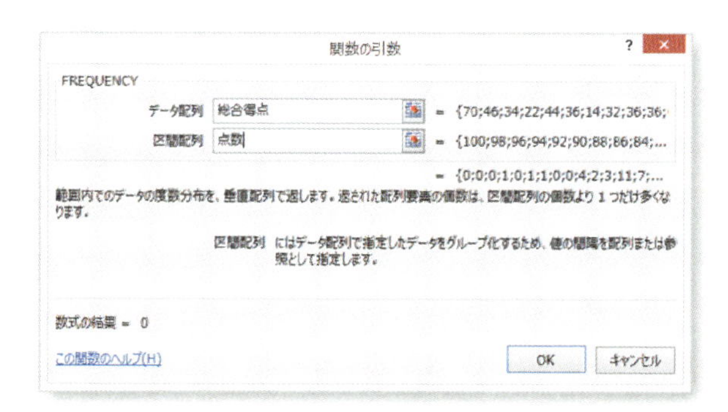

❸ [OK] ボタンをクリックする代わりに、Ctrl ＋ Shift を押しながら Enter を押すと、配列関数として数式が確定し、数式がすべてカッコで囲まれます。

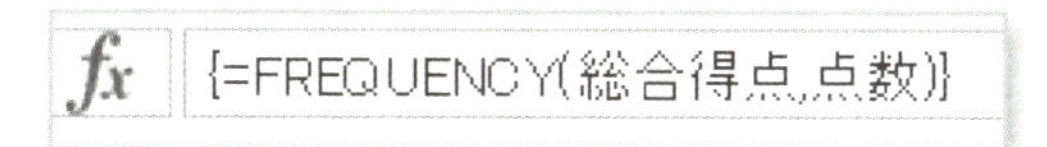

Section 14

点数ごとに順位を振るには どうすればいい？

100点から0点までの分布に順位をつけるということは、同じ点数の人は同順位、その次の点数の人は順位が飛ぶということですね。この場合は全員に順位をつけるわけではないので、RANK.EQ関数では求められません。

もしもその得点の人がいない場合は順位を出さず、その得点の人がいた場合は累計に＋1することで、順位が表示できます。

G2　=IF(F2=0,"",1)

	A	B	C	D	E	F	G
1	社員コード	総合得点	順位		点数	人数	順位
2	20130101	70	44		100	0	
3	20130102	46	398		98	0	
4	20130103	34	662		96	0	
5	20130104	22	871		94	1	1
6	20130105	44	440		92	0	
7	20130106	36	616		90	1	2
8	20130107	14	897		88	1	3
9	20130108	32	713		86	0	
10	20130109	36	616		84	0	
11	20130110	36	616		82	4	4
12	20130111	60	140		80	2	8
13	20130112	34	662		78	3	10
14	20130113	54	231		76	11	13
15	20130114	50	302		74	7	24
16	20130115	34	662		72	13	31
17	20130116	34	662		70	21	44
18	20130117	26	828		68	12	65
19	20130118	34	662		66	17	77
20	20130119	40	534		64	19	94
21	20130120	42	496		62	27	113
22	20130121	44	440		60	33	140
23	20130122	32	713		58	26	173
24	20130123	36	616		56	32	199

❶ 順位を求めたいセル（ここではG2）を選択して、IF関数を起動します。
❷ 次のように引数を入力します。

- 論理式　⇨　F2=0（100点の人数のセルが「0」ならば）
- 真の場合　⇨　""（何も表示しない）
- 偽の場合　⇨　1（そうでなければ「1」と表示）

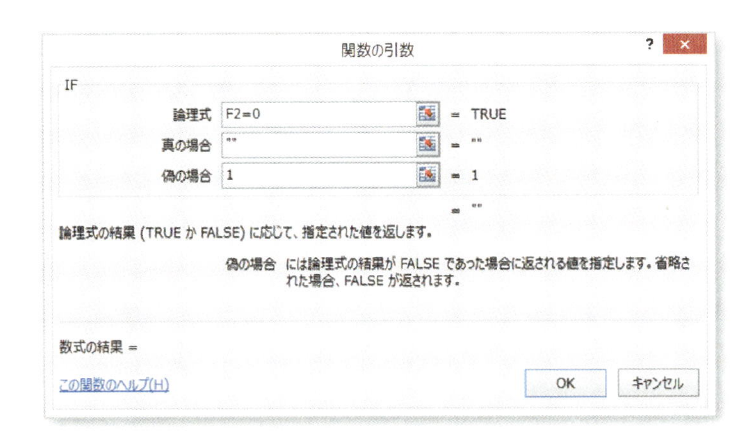

100点の人が何人いようとも、全員1位ということなので、0人以外は「1」と表示するのです。

❸ 98点の人の順位を求めたいセル（G3）を選択して、IF関数を起動します。
❹ 次のように引数を入力します。

- 論理式　⇨　F3 = 0
- 真の場合　⇨　""
- 偽の場合　⇨　SUM($F$2:F2)+1

※1つ前のセルまでの合計に、次の順位となるよう＋1をします

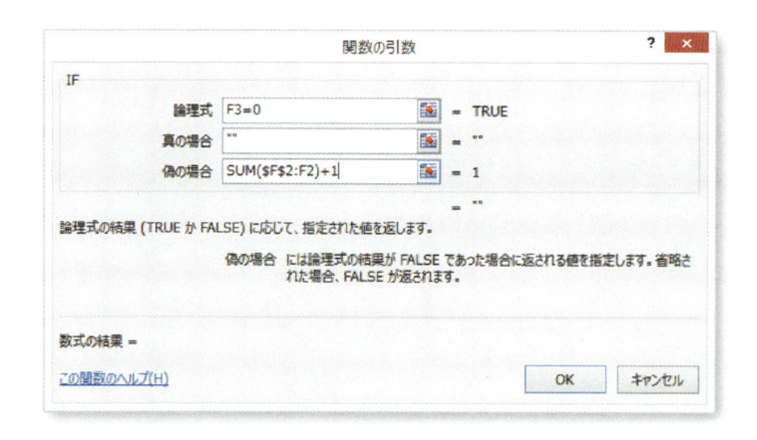

5 [OK] をクリックして、数式をコピーします。

合計する範囲の最初のセルを絶対参照にし、終わりのセルを相対参照にすることで、合計範囲が1行ずつ増えていくこととなります。順位は、人数の合計に「+1」をすることで求められます。合計する範囲が「順位を表示したいセルより1行前のセルまで」となることに注意しましょう。

G3 =IF(F3=0,"",SUM($F$2:F2)+1)

	A	B	C	D	E	F	G
1	社員コード	総合得点	順位		点数	人数	順位
2	20130101	70	44		100	0	
3	20130102	46	398		98	0	
4	20130103	34	662		96	0	
5	20130104	22	871		94	1	1
6	20130105	44	440		92	0	
7	20130106	36	616		90	1	2
8	20130107	14	897		88	1	3
9	20130108	32	713		86	0	
10	20130109	36	616		84	0	
11	20130110	36	616		82	4	4
12	20130111	60	140		80	2	8
13	20130112	34	662		78	3	10
14	20130113	54	231		76	11	13

Section 15

点数ごとの全体の割合を求めるにはどうする？

点数ごとの人数の割合を求めるには、点数の人数を総人数で割ればいいですね。総人数の数は、人数の列の最下段に求められている数となります。人数のセルが0の場合は、割合も空白にし、それ以外は割り算、ということになります。

❶割合を求めたいセルを選択します（ここではH2）。
❷IF関数を起動して、次のように引数を入力します。

- 論理式　⇨　F2=0（人数が0人の場合）
- 真の場合　⇨　""（空白にする）
- 偽の場合　⇨　F2/$F$53

　※人数のセル÷人数の合計が求められているセルを絶対参照

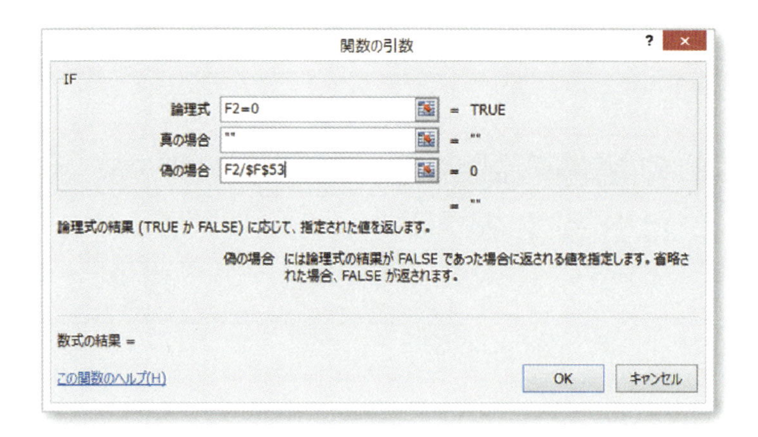

❸［OK］をクリックして、数式をコピーします。

次は、表示形式を小数点第１位のパーセント、「0」の場合は非表示にします。

❶［セルの書式設定］画面を表示（Ctrl ＋ 1）⇨［表示形式］タブ ⇨［ユーザー定義］を選択します。
❷［種類］に次のように入力します。

0.0%;;;

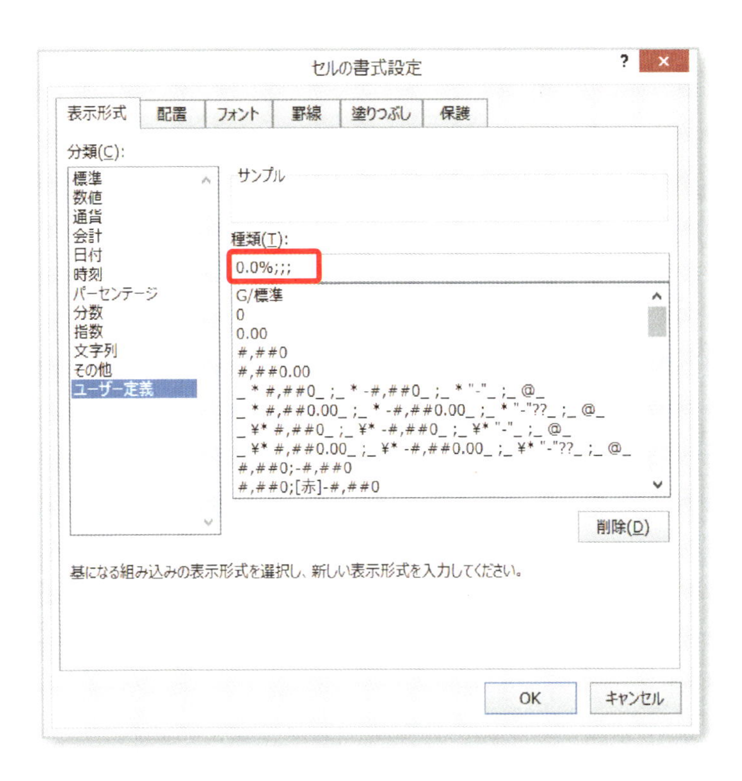

表示形式は、正の値；負の値；ゼロの値；テキストの表示を；(セミコロン）で区切って指定します。上記の場合は、以下の指定となります。

- 正の値の場合　⇨小数点第１位までの％表示
- 負の値、ゼロの値、テキストの場合　⇨何も表示しない

商品名の部分一致の売上集計を求めることはできる？

SUMIF 関数や COUNTIF 関数を使えば条件付き集計を求めることはできますが、条件が完全一致のデータ集計となるので、「～を含む」という集計ができません。でも、ちょっと工夫すると、部分一致のデータ集計が求められます。

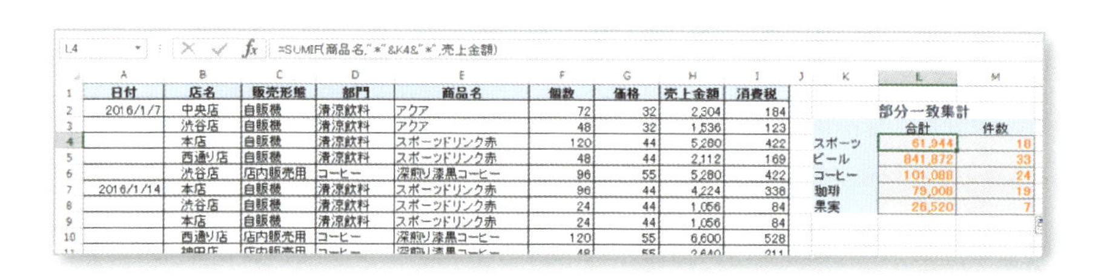

L4 =SUMIF(商品名,"*"&K4&"*",売上金額)

日付	店名	販売形態	部門	商品名	個数	価格	売上金額	消費税
2016/1/7	中央店	自販機	清涼飲料	アクア	72	32	2,304	184
	渋谷店	自販機	清涼飲料	アクア	48	32	1,536	123
	本店	自販機	清涼飲料	スポーツドリンク赤	120	44	5,280	422
	西通り店	自販機	清涼飲料	スポーツドリンク赤	48	44	2,112	169
	渋谷店	店内販売用	コーヒー	深煎り漆黒コーヒー	96	55	5,280	422
2016/1/14	本店	自販機	清涼飲料	スポーツドリンク赤	96	44	4,224	338
	渋谷店	自販機	清涼飲料	スポーツドリンク赤	24	44	1,056	84
	本店	自販機	清涼飲料	スポーツドリンク赤	24	44	1,056	84
	西通り店	店内販売用	コーヒー	深煎り漆黒コーヒー	120	55	6,600	528

部分一致集計

	合計	件数
スポーツ	61,944	18
ビール	841,872	33
コーヒー	101,088	24
珈琲	79,008	19
果実	26,520	7

準備として、E 列の商品名、H 列の売上金額には、それぞれ名前を定義しておきます。

K 列の集計に使う条件には、部分一致に使うテキストを入力します。

❶ 集計を表示したいセル（ここではL4）をクリックして選択します。

❷ [数学 / 三角] から [SUMIF] 関数を起動します。

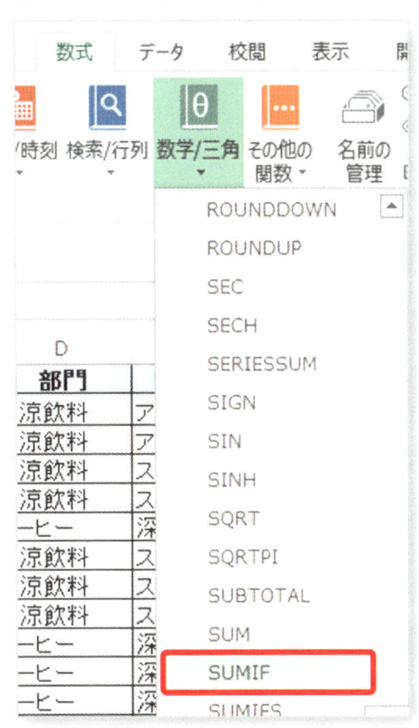

❸ 引数に、以下のように入力します。

- 範囲　　⇨ 商品名（F3 を押して、定義された名前の一覧から選択）
- 検索条件 ⇨ "*"&K4&"*"
  ※アスタリスク（*）& 条件のセル & アスタリスク（*）
  ※アスタリスクはダブルクオーテーションで囲みます
- 合計範囲 ⇨ 売上金額（F3 を押して、定義された名前の一覧から選択）

関数の引数

SUMIF

範囲　商品名　= {"アクア";"アクア";"スポーツドリンク赤";"ス
検索条件　"*"&K4&"*"　= "*スポーツ*"
合計範囲　売上金額　= {2304;1536;5280;2112;5280;42...

= 61944

指定された検索条件に一致するセルの値を合計します。

合計範囲　には実際に計算の対象となるセル範囲を指定します。合計範囲を省略すると、範囲内で検索条件を満たすセルが合計されます。

数式の結果 = 61,944

この関数のヘルプ(H)　OK　キャンセル

❹［OK］をクリックして、数式をコピーします。

＊（アスタリスク）は、条件のセルに入力されているテキストの前後に、何か文字があることを意味します。「&」でつなげることで、そのテキストを含むセルが集計の対象となります。

部門の集計ではなく、商品名の集計でもなく、指定したテキストを含む商品のみの集計を求めることができるので、商品名に使われるテキストの効果を測ることもできますね。

さまざまな角度から集計を行うことで、データはたくさんの情報を私たちに与えてくれます。データを入力することが目的ではなく、「そのデータから何を読み取るか？」が重要ですね。

そのためには、Excelが不得意な人にも入力しやすく、わかりやすく、加工しやすく、多様性のある表の作成を心がけてください。むやみに表を増やすのではなく、「何のために、どんな表が必要か？」を考え、効率的に業務をこなしてください。

ショートカットキー 一覧

メニューバーやツールボタンを使用するだけでなく、少しでも速く操作を行うために覚えておきたい機能をご紹介します。

基本的なショートカットキー

新しいブックを作成	Ctrl + N
ファイルを開く	Ctrl + O
上書き保存	Ctrl + S
検索	Ctrl + F
置換	Ctrl + H
ジャンプ	Ctrl + G
切り取り	Ctrl + X
コピー	Ctrl + C
貼り付け	Ctrl + V
全体を選択	Ctrl + A
元に戻す	Ctrl + Z
もう一度同じ処理をする	Ctrl + Y
ハイパーリンクの挿入	Ctrl + K
印刷プレビュー	Ctrl + F2
印刷	Ctrl + P
Office アシスタントまたはヘルプの表示	F1
ジャンプ	F5
スペルチェック	F7
フィールドの更新	F9

名前を付けて保存	F12
マクロの実行	Alt + F8
VBE の起動	Alt + F11
ウィンドウの切り替え	Ctrl + F6
ローマ字・かな入力切り替え	Alt + ひらがな

書式設定のショートカットキー

太字	Ctrl + B
斜体	Ctrl + I
下線	Ctrl + U
[セルの書式設定] ダイアログボックス表示	Ctrl + 1
セル内の改行	Alt + Enter
コメントの挿入	Shift + F2

セル移動のショートカットキー

上下左右のセルへ移動	→ ← ↑ ↓
複数セルの選択	Shift + → ← ↑ ↓
入力済み範囲の最終セルへ移動	Ctrl + → ← ↑ ↓
アクティブセルの行の先頭へ移動	Home
セル A1 へ移動	Ctrl + Home

セル移動のショートカットキー

入力済み範囲の右下隅セルへ移動	Ctrl + End
1画面上に移動	Page Up
1画面下へ移動	Page Down
1画面右へ移動	Alt + Page Up
1画面左へ移動	Alt + Page Down

シート移動のショートカットキー

前シートへ移動	Ctrl + Page Up
次シートへ移動	Ctrl + Page Down

数式作成に関するショートカットキー

[関数の挿入]画面を表示	Shift + F3
名前の貼り付け	F3
名前の定義	Ctrl + F3

索引

記号

アルファベット

あ行

か行

さ行

た行

な行

は行

ま行

や行

ら行

わ行

四禮静子（しれい しずこ）

有限会社フォーティ取締役。日本大学芸術学部卒業。CATVの制作ディレクター退職後、独学でパソコンを学び、下町浅草に完全マンツーマンのフォーティネットパソコンスクールを開校。講座企画からテキスト作成・スクール運営を行う。1人1人に合わせてカリキュラムを作成し、受講生は初心者からビジネスマン・自営業の方まで2000人を超える。行政主催の講習会のほか企業に合わせたオリジナル研修や新入社員研修など、すべてオリジナルテキストにて実施。PC講師だけでなく、Web制作企画や商店の業務効率化のアドバイスなども行う。著書に『Wordのムカムカ！が一瞬でなくなる使い方』（技術評論社）、共著に『ビジネス力がみにつくExcel & Word講座』（翔泳社）がある。

http://www.forty40.com

■お問い合わせについて

本書に関するご質問は、FAX か書面でお願いいたします。電話での直接のお問い合わせにはお答えできません。あらかじめご了承ください。

下記の Web サイトでも質問用フォームを用意しておりますので、ご利用ください。

ご質問の際には以下を明記してください。

・書籍名
・該当ページ
・返信先（メールアドレス）

ご質問の際に記載いただいた個人情報は質問の返答以外の目的には使用いたしません。

お送りいただいたご質問には、できる限り迅速にお答えするよう努力しておりますが、お時間をいただくこともございます。

なお、ご質問は本書に記載されている内容に関するもののみとさせていただきます。

■問い合わせ先
〒162-0846
東京都新宿区市谷左内町 21-13
株式会社技術評論社　書籍編集部
「Excel のムカムカ！が一瞬でなくなる使い方」係
FAX：03-3513-6183
Web：http://gihyo.jp/book/2016/978-4-7741-8244-5

【カバーデザイン】
竹内雄二
【カバー写真】
Eric Gevaert ／ Shutterstock
【本文デザイン・DTP】
有限会社ムーブ
（新田由起子、川野有佐）
【編集】
傳 智之
【Special Thanks】
天野暢子

Excel（エクセル）のムカムカ！が一瞬（いっしゅん）でなくなる使（つか）い方（かた）
～表計算（ひょうけいさん）・資料作成（しりょうさくせい）のストレスを最小限（さいしょうげん）に！

2016年 8 月10日　初版　第1刷発行

著　者　四禮静子（しれいしずこ）
発行者　片岡巌
発行所　株式会社技術評論社
東京都新宿区市谷左内町 21-13
電話　03-3513-6150　販売促進部
03-3513-6166　書籍編集部
印刷・製本　株式会社加藤文明社

▶定価はカバーに表示してあります。

造本には細心の注意を払っておりますが、万一、乱丁（ページの乱れ）や落丁（ページの抜け）がございましたら、小社販売促進部までお送りください。送料小社負担にてお取り替えいたします。

ISBN978-4-7741-8244-5　C3055
Printed in Japan